逻辑思维

这么想才是对的

陈　娜　编著

企业管理出版社
ENTERPRISE MANAGEMENT PUBLISHING HOUSE

图书在版编目（CIP）数据

逻辑思维，这么想才是对的 / 陈娜编著 . —北京：企业管理出版社，2017.1
ISBN 978-7-5164-1437-8

Ⅰ . ①逻…　Ⅱ . ①陈…　Ⅲ . ①逻辑思维　Ⅳ . ① B804.1

中国版本图书馆 CIP 数据核字（2016）第 313596 号

书　　名：逻辑思维，这么想才是对的
作　　者：陈　娜
责任编辑：陈　静
书　　号：ISBN 978-7-5164-1437-8
出版发行：企业管理出版社
地　　址：北京市海淀区紫竹院南路 17 号　　邮编：100048
网　　址：http://www.emph.cn
电　　话：总编室（010）68701719　发行部（010）68701816　编辑部（010）68701661
电子信箱：78982468@qq.com
印　　刷：三河市嘉科万达彩色印刷有限公司印刷
经　　销：新华书店
规　　格：170 毫米 ×240 毫米　16 开本　13 印张　156 千字
版　　次：2017 年 1 月第 1 版　　2018 年 3 月第 2 次印刷
定　　价：35.00 元

前言 Preface

逻辑学是一门基础性学科，但是在我们从小到大受到的教育中，逻辑学并没有被单独作为一门普适性的基础课程，这就造成了许多人对这门学科知之甚少，甚至有人还误认为它是枯燥难懂的一门学科。其实，逻辑学的基础知识就隐藏在我们的日常生活中，它的基础理论并不高深，而本书的初衷就是要揭开逻辑学的神秘面纱，就用我们生活中发生的例子，就用有趣又稍有难度的逻辑题目，就用我们所熟知的各类故事，来阐述逻辑学的基础理论。

近年来，一方面，逻辑越来越受到人们的重视，比如用人单位的招聘、公务员的行政测试考试、大学的自主招生考试都离不开对人的逻辑能力的考察。另一方面，各种反逻辑的现象也随着网络而到处传播着。我们打开自己的微信朋友圈，有时候会看到“不转就不是中国人”一类的信息，这就是典型的反逻辑现象。为什么会出现这种局面呢？正是因为大多数人普遍以为只有在工作、学习中才需要逻辑，而在生活、娱乐中就不必考虑逻辑。这就好像一定要肚子饿了才吃饭，不饿的时候就不吃饭了吗？

在这个信息爆炸的社会中，人人都要懂点逻辑学，练就一双逻辑的“火眼金睛”，用来鉴别身边的各类信息，不要掉入“强盗逻辑”的圈套。可以说，不讲逻辑的人，无论是做事还是说话都不会很顺畅，而且很难保持自身思想的独立性，容易受到外界“强盗逻辑”的干扰，有时候还不知不觉中成了它们的帮凶。

虽然市场上逻辑学的书已经很多了，有的是逻辑学入门的教材，有的是科普类的通俗读物，也有一些逻辑训练的书籍，但是你如果只看其中一种类型的书籍，就会错失逻辑学中很多有意思的方面。比如，如果只看入门级别的逻辑学教材，其实很难坚持下来，也体会不到学习逻辑学的快乐，而且容易脱离实际；如果只看那些浅显的不成系统的通俗读物，又难以在脑海里形成一个完整的逻辑理论框架，学到的都是零散的知识点，最终也只是看过就忘了；如果只选择一些逻辑训练的书籍，就想提高自己的逻辑思维，则可能因为缺乏理论基础造成欲速而不达的后果。

在了解了上述各种类型的逻辑学读物后就会发现，要讲解清楚一个逻辑学原理，不要只讲理论，我们身边每天都会产生大量的逻辑学的案例供我们引用；接着，光讲好逻辑学理论也没有用，这不能深入到读者的脑海中形成逻辑思维，还需要用逻辑题目来进行训练；最后，逻辑思维训练好了，还要回到生活中，这时候可以用故事来创造一个最佳的应用环境。

因此，如何让读者从一本书中既能够对逻辑学的理论基础有大致了解，又能够体味到逻辑学的乐趣和在生活中的应用，还能通过例题来练出逻辑，通过故事来玩出逻辑呢？特别是，如何将这些有机地组合在一起，让读者在轻松好玩的氛围中真正学到逻辑学的干货，锻炼自己的逻辑思维呢？这些都是本书的挑战。

总的来说，本书力求解决上面的这些问题，希望可以成为广大读者的逻辑学入门选择。写这本书的初衷就是针对那些徘徊在逻辑学门外的广大读者们，用一种简单好玩、但又知识含量十足的方式为他们打开逻辑学的大门，解除读者对生涩理论知识的恐惧，充分激活读者脑海中本来就有的逻辑思维火花，让读者们在既好玩又不浮夸的氛围中学习到真正实用的逻辑学知识，锻炼自己的逻辑思维，学会从逻辑的角度分析具体问题。

本书内容及体系结构

本书共分为 14 章，第 1 章介绍了逻辑学在生活中的实用性，以及逻辑学家们的有趣故事；从第 2 章开始，每章都是围绕一个逻辑学原理展开的，分为三个部分：认识理论、逻辑训练和逻辑故事。

在“认识理论”部分，围绕一个大的逻辑学原理，讲解一些基础理论知识，同时结合生活实际，穿插很多小例子，让读者充分感受到和生活息息相关的逻辑学理论。

在“逻辑训练”部分，精选了和本章理论知识相关的例题，这些题目都是从各类考试真题中挑选出来的，比如在职硕士生入学考试、国家公务员行测、名企的笔试和名校自主招生的笔试等，让读者能够通过一些有趣但又有点难度的题目训练自己的逻辑思维。

在“逻辑故事”部分，挑选了和本章理论知识相关的小故事，都是一些民间传说、寓言典故或者名人趣事，让读者感受到逻辑学在故事里的应用。

本书特色

1. 理论详略得当、学习逻辑知识

本书抛开深奥的理论化条文，除了必备的基础理论知识介绍外，绝不贪多求全，特别强调实用性和趣味性。对于重要的、实用的逻辑学知识，从各个方面充分地进行阐述，并且把它们连贯起来；对于一

些比较深入的、又不常用到的理论知识，只进行粗略的介绍。

2. 例题精挑细选、锻炼逻辑思维

全书的例题涵盖了各个重要的逻辑学原理，知识性和趣味性并重，都是一些耐人寻味的经典逻辑学题目，并且都配上了专业的答案解析。

每章例题训练题量适中，不求多，只求精，并且有趣，让读者可以在了解理论知识后，在好玩又有趣的氛围中，马上得到思维锻炼，从而加深理解和记忆。

3. 故事好玩有趣、应用逻辑思想

全书的小故事涵盖了各个重要的逻辑学原理，大部分是大家耳熟能详的有趣故事。对于这些故事，站在逻辑学的角度，讲解了故事里面包含的逻辑学思想，保证让读者耳目一新，印象深刻。

每章的几个小故事，既没有喧宾夺主，又能够让读者对逻辑学的应用有很深的了解，可以揣摩其中的逻辑学思想，学习他人的逻辑智慧。

本书由陈娜组织编写，同时参与编写的还有李楠、黄丹华、夏军芳、能永霞、王雅琼、毛春艳、张敏敏、朱珊珊、李亚杰、王小龙、张彦梅、武浩然、武晓兰、张宇微、吕梦琪、胡亚丽、焦帅伟、于健、周洋、谢国瑞，在此一并表示感谢！

因编者水平有限，书中难免存在疏漏和不当之处，敬请指正。

编者

2016 年 10 月

目录 Contents

第1章 人人都要懂点逻辑学

如果一个人得了“逻辑紊乱症”，如果一个人想明确自己的思路，如果一个人想不被人忽悠，如果一个人想“忽悠”别人，最好还是学点逻辑学吧！

1.1 从一个故事说起

某人欠了一身债，无法偿还。债主们拿着借据纷纷找上门来，这位老赖便在大门口贴了一张纸条：不知我贫，借给我钱，是不智；明知我贫，要我还债，是不仁。你们不仁不智，我只得无礼无义，一律不还。特此敬告各位债主。

你觉得这个老赖讲得有逻辑吗？

在这个小故事中，这个老赖强行把自己的责任归咎到了债主的身上，这是一种诡辩的“强盗逻辑”。

债主借钱给你是因为你有求于人，还有借据，如何不智？借给你反倒成了债主的错了？再按照借据，要你还债，天经地义，如何不仁？你能借不能还，这也是债主的错吗？再说，是你自己赖着不还，违反借据，不义在先，又怎么说是因为债主呢？这老赖的逻辑明摆着就是我穷我就有理由借钱不还嘛！

在现实生活中，上述这样的“强盗逻辑”是无处不在的，下面这些话你一定经常听到、看到：

朋友和你一起吃饭时会对你说：“你不是刚发工资吗？这顿饭你请了吧。”

有人会鄙视受到欺负的女孩：“穿着这么暴露，被骚扰了，就是活该！”

有的父母对玩游戏的孩子说：“你看别人家的孩子没玩游戏，成绩就是比你好！”

某长辈在你面前说道：“我们都是为了你好！”

微信群、QQ 群里经常看到的：“不买苹果手机就是抵制美国！”

朋友圈疯狂转载的：“不转不是中国人！”

……

如果人人都懂点逻辑学的话，那么这些情况会变得怎样呢？

和朋友吃饭时：“我发了工资，这顿我请！”“我请吧，记得上次就是你请的！”

听到女孩被欺负后：“女生在外面一定要多注意，不要光顾着打扮自己了！”

父母对玩游戏的孩子说道：“你可以玩，但是必须安排好时间，学习不能落下！”

长辈们都这么说：“我们说了这么多，你自己参考参考！”

微信群、QQ 群转发的消息更少了，有效的交流更多了。

朋友圈可以有段子和鸡汤，但是再也不用担心自己不是中国人了！

……

1.2　逻辑学可以帮助你

在这个信息爆炸的社会中，我们一不小心就可能被那些野蛮逻辑吞没。如何才能从中解脱出来呢？那就学习一点逻辑学，掌握一些逻辑常识吧！

逻辑学并不是心灵鸡汤，所以它不能教给你许多所谓的道理；逻辑学也不是什么能发家致富的技术，所以它不能教给你日入千金的本领。逻辑学只是教给我们思维和说话的规则，首先是让我们自己心里所想的、口中所说的都能够更清楚、更明白，更能让人理解接受；最重要的是它让我们从这个充满着各种奇怪逻辑的世界中脱离出来，能够分辨是非，不被忽悠，也不去忽悠别人，做一个思想上真正独立的人。

那么，学习逻辑学之后，有哪些能切切实实的、看得见的好处呢？

在生活中，学了逻辑学，可以避免受骗受忽悠。因为逻辑是客观存在的，而骗术和忽悠是人为捏造的，再高明也会有一定的破绽，根据逻辑是能够将其揭穿的。例如：商家在“双 11”降价 50%，是不是让人很心动呢？可是如果你知道降价前商家先悄悄地将价格涨了一倍，你还会这么想吗？

又如：某个所谓的股票分析师打电话告诉你，他们有实力有内幕，先给你免费的“咨询料”，如果你的股票涨了，才需要给他们“红包”。是不是又热情又公正，简直就是良心商家的楷模？如果你按照他们的分析，买的股票涨了，接着便考虑要回馈一下这位老师，而且还要继续听从老师的建议。可是如果你知道他们一整天都在忙着打电话给不同的人，推荐不同的股票，你会怎么想呢？如果他们的分析真的十拿九稳，那么他们会拿着这把金钥匙主动找上门来吗？

在交流中，学习逻辑学，能够明确自己的观点，反驳对方的观点。逻辑既可以作为盾来武装我们自己的观点，也可以作为矛来攻击对方的观点，至于谁胜谁负，就要看谁的逻辑之矛更犀利，谁的逻辑之盾更严密了。

在学习工作中，也都需要用到逻辑学的知识。逻辑学能教会我们思维的规则，而我们的行为又受思维的指导，所以在行动之前，一定要在心中问自己一遍："是否符合逻辑？"形成符合逻辑的计划。

例如，金字塔原则是一种层次性、结构化的思考、沟通技术，可以用于制订行动计划、组织语言等。金字塔的原则大致是这样的：在说话或者写作之前，先确定一个最主要的论点，然后将其分成各个方面的小论点，再论证各个小论点，以此类推。其中，每一层的分解和论证都离不开逻辑学中的原理。

1.3 逻辑学家的趣事

1.3.1 苏格拉底：谁会洗澡

苏格拉底是古希腊著名的哲学家，他提出了一个关于"谁会洗澡"的问题，形象直观地描述了什么是诡辩。

年轻人去请教大哲学家苏格拉底什么是诡辩，苏格拉底便问道："我家来了两位客人，一位非常干净，一位非常脏。如果我请他们洗澡，你想他们谁会洗呢？"

"当然是脏的了。"年轻人不假思索地答道。

"不对，是干净的。因为干净的人到哪里都是爱干净的，而脏的人根本不把脏当回事。"苏格拉底说，"那么你再想，是谁去洗了澡呢？"

"干净的。"年轻人回答。

"又不对，是那个脏的。因为干净的人已经没有必要再洗了，而脏的人却需要。人们总会按照自己的需要去做事，不是吗？"苏格拉底笑道，“这么看来一定是脏的洗了澡，对吗？”

“对。”年轻人这回敢肯定了。

“还是不对。”苏格拉底眨眨眼睛，“干净的人有洗澡的习惯，脏的人有洗澡的必要，所以两个人都得洗澡。这么说，到最后两个人都洗澡了，对不对？”

“应该对吧。”年轻人再也不敢肯定了。

“呵呵，你又错了。”苏格拉底说，“因为干净的人不需要洗澡，而脏的人不爱洗澡。”

“可是，可是……到底什么是诡辩呢？”年轻人迷糊了。

“我刚刚不是已经告诉你什么是诡辩了吗？”苏格拉底解释说。

1.3.2 芝诺：永远追不上乌龟

芝诺是古希腊一个极善于诡辩的哲学家。他的一个众人皆知的“阿基里斯永远追不上乌龟”的诡辩是这样的：

阿基里斯是古希腊神话中善跑的英雄。假设乌龟先爬一段路然后阿基里斯去追它。芝诺认为阿基里斯永远追不上乌龟。因为前者在追上后者之前必须首先达到后者的出发点，可是，这时后者又向前爬了一段路了。于是前者又必须赶上这段路，可是这时后者又向前爬了。由于阿基里斯和乌龟之间的距离可依次分成无数小段，因此阿基里斯虽然越追越近，但永远追不上乌龟。

后来，还有人学习芝诺，也提出了这样的一个诡辩：

一粒谷子落地时没有响声，

两粒谷子落地时也没有响声，

三粒谷子落地时还是没有响声……

以此类推，一整袋谷子落地时也不会有响声。

你知道上面两则诡辩的逻辑问题出在哪里吗？

1.3.3 亚里士多德：三段论

古希腊哲学家亚里士多德被誉为古代西方世界最博学的人，更是亚历山大大帝的老师。亚里士多德是柏拉图的学生，而柏拉图又是苏格拉底的学生。亚里士多德到了老年，都还在教课。当时的雅典人可以经常看到老年的亚里士多德坐在大石头上，身旁围着十多位青年，热烈地讨论问题。

一位学生问："老师，您再讲讲'三段论'大前提、小前提、结论……"亚里士多德捋了捋胡须，缓缓说道："我们希腊人有个很有趣的谚语：如果你的钱包在你的口袋里，而你的钱又在你的钱包里，那么，你的钱肯定在你的口袋里，这不正是一个非常完整的'三段论'吗？"

1.3.4 培根：陛下抬举我

培根是17世纪英国的逻辑学家，同时也是一位官员。有一次，伊丽莎白女王巡幸来到培根的府邸。当时培根是个法官，由于女王平时都生活在豪华的宫庭里，平时也多来往于达官显贵们奢侈华贵的住宅，当她看到简朴普通的大法官的宅第时，便感叹道："你的住宅太小了啊！"培根站在女王身边，仔细端详了自己的房舍后，耸耸肩说："陛下，我的住宅其实并不错，只是因为陛下抬举我，光临寒舍，才使它显得小了。"

1.3.5 罗素：理发师的悖论

20世纪英国著名的逻辑学家罗素曾经提出这样一个有趣的问题：

"某村子里有个理发师，他规定：在本村我只给而且一定要给那些自己不刮胡子的人刮胡子。请问：这个理发师给不给自己刮胡子？"

这是逻辑学史上著名的“理发师悖论”，你知道这个问题的答案吗？这个问题是没有答案的，因为按照问题，理发师只有两种情况：不给自己刮，或者给自己刮。

如果理发师不给自己刮胡子，那么按照他的规定（我一定要给那些自己不刮胡子的人刮胡子），他就应该给自己刮胡子。这就是说，从理发师不给自己刮胡子出发，必然推出理发师应该给自己刮胡子的结论，这本身就构成矛盾。

如果理发师给自己刮胡子，那么按照他的规定（我只给那些自己不刮胡子的人刮胡子），他就应该不给自己刮胡子。这就是说，从理发师给自己刮胡子出发，必然推出理发师应该不给自己刮胡子的结论，这本身也是一个矛盾。

第2章
概　　念

要想了解逻辑学，必须先要弄清楚概念是什么。这是因为概念是逻辑的基础，没有概念，就没有命题、判断，更不可会有推理和论证了。

2.1　认识概念

概念作为最基本也最常见的逻辑元素，它和人们的日常生活息息相关。比如，“你吃饭了吗”这句话中“吃饭”就可以视为一个概念；在学习一门新的学科时，往往也是从最基本的概念开始的。

2.1.1　什么是概念

概念其实就是我们大脑思维的最基本的形式。当我们在计算“1+1”的时候，我们的脑海中已经有了什么是“1”和什么是“+”的概念。

那么概念是如何产生的呢？我们知道，人的认识发展是一个由生动直观到抽象思维、由感性认识到理性认识的过程。人类的大脑能够在直观印象的基础上，借助思维的抽象作用，进行一系列加工，形成反映事物特有属性的概念。

如果没有概念，人们之间根本无法进行任何思维上的交流，更谈不上深入学习和研究了。在现实生活中，明确的概念是有效沟通和思考的前提。概念不明确往往会造成一些令人啼笑皆非的笑话。比如："故宫、颐和园、万里长城和南京长江大桥都是中外游客向往的名胜古迹"，这句话就是没弄清"名胜古迹"的概念，应该把"南京长江大桥"去掉，整句话才会概念明确、表达清晰。

概念是如何表达的呢？可以看出，我们前面讲过的这些概念都是一个个词语，概念正是通过词语来表达的，比如"吃饭""跑步""漂亮的"等。一般来说，实词都可以用来表示概念，因为它们有实际的含义。实词包括：名词、动词、形容词、量词和代词等。而虚词是没有实际含义的，因而不能用来表达概念，比如"了""的""得"等。虚词一般包括：介词、连词、助词、叹词和拟声词等。

Tips：要注意到概念和词的具体关系是比较复杂的。首先，对于同一概念，它可以由不同的词来表示，比如"结婚""成亲"表示的是同一个概念；其次，同一个词语在不同情境下所表达的概念也可能是不同的，比如"苹果"既可以表示一种水果，又可以作为某一数码科技产品的品牌。

2.1.2 概念的内涵和外延

我们所讨论的每一个概念都具有内涵和外延两个基本特征。例如：当我们谈论"鸟"这个概念时，我们可以知道"鸟"拥有"有羽毛""卵生"和"脊椎动物"等特点，这些就是"鸟"这个概念的内涵；也可以知道"麻雀""鹦鹉"和"喜鹊"这些都是"鸟"，这些就是"鸟"

这个概念的外延。

总结起来，概念的内涵就是指这个概念的具体含义，就是事物“是什么”“有什么特点”这样的特有属性，它表明了这一类事物具有什么样的共同特点。概念的外延说的是这一概念包含了哪些事物，也就是指“什么是属于这个概念的”。外延可以反映概念所包含事物的范围，只要在范围内，就都属于这一概念。

如果概念之间的内涵或外延不同，显然是不同的概念。在同一个概念中，内涵和外延之间联系紧密，互相牵制。概念内涵的多少和外延的大小成反向的关系。当一个概念的内涵增多，它的外延就会相应地缩小；反之，如果一个概念的内涵减少，那么它的外延就会随之扩大。

例如，在春秋战国时代公孙龙“白马非马”的诡辩故事中，“白马”相对于“马”来说，它的概念的内涵增加了“白色”，显然，“白马”的外延要比“马”这一概念的外延要小，因为“马”还包含了其他毛色的马。又如“白色的战马”，它的内涵增加了，外延则进一步缩小，因为排除了所有不是战马的白马。它们的外延可以用图 2-1 来表示。

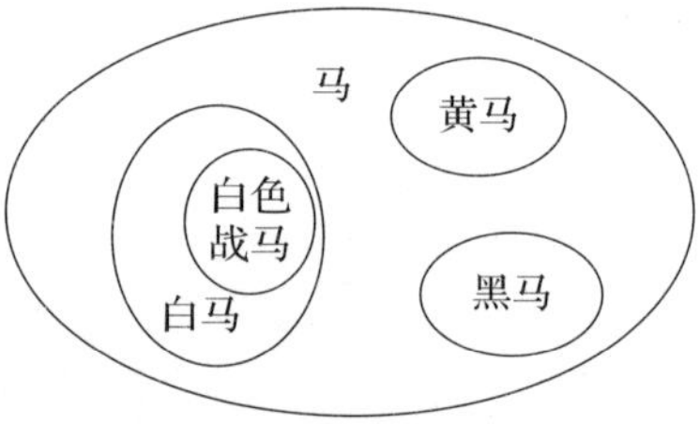

图 2-1　马和白马的外延

Tips: 现在，我们可以知道：如果从概念整体的角度，“白马”和“马”确实是两个不同的概念，因此“白马非马”可以说是正确的；但是从概念外延的角度来讲，“白马”是“马”的外延，任何一匹白马都是马，因而“白马非马”这个论断又是错误的。

2.1.3　概念间的关系

如果两个概念之间至少有一部分外延是重合的，我们就说它们之间的关系是相容关系。比如“鸟”和“会飞的动物”是相容关系，因为它们的外延重合的部分就是“会飞的鸟”。反之，如果两个概念的外延之间没有任何重合的部分，它们之间不存在任何交集，我们就说这两个概念之间存在不相容关系，也叫全异关系。比如“青蛙”和“壁虎”是全异关系，显然所有的“青蛙”都不是“壁虎”。

对于相容关系，又可以分为同一关系、从属关系与交叉关系。

1. 同一关系

如果两个概念的外延完全重合，那么它们之间的关系就是同一关系，也叫做全同关系。在同一关系下的两个概念所指的范围是一致的。通俗地说，也就是两个概念说的是同一回事。例如：“最大的大洋”和“太平洋”，显然“最大的大洋”就是“太平洋”，反过来也成立，两者的外延完全重合。又如“四边相等的矩形”和“正方形”，等等。

需要注意的是，同一关系并不意味着两个概念之间的内涵是相同的。比如，“最大的大洋”带有“面积最大”的属性，显然“太平洋”这个概念则没有这个属性。

2. 从属关系

在两个概念 a、b 之间，如果 a 的所有外延都是 b 的外延，但是 b 的外延不全是 a 的外延，那么 a 与 b 就构成了从属关系。在 a 和 b 的从属关系中，外延较小的 a 叫做种概念，外延较大的 b 叫做属概念。其中，a 对于 b 是种属关系，也可以说是 a 真包含于 b；b 对于 a 是属种关系，又叫做 b 真包含 a。

例如：“大学生”和“学生”之间就构成了从属关系，因为所有的“大学生”都可以称之为“学生”，但是“学生”还包含了“高中生”。在它们之间的关系中，“大学生”是“学生”的种概念，对于“学生”是种属关系，即“大学生”真包含于“学生”；“学生”是“大学生”的属概念，对于“学生”是属种关系，即“学生”真包含“大学生”。

3. 交叉关系

如果在两个概念之间，它们的外延仅有一部分是重合的，而且各自的外延都有不重合的部分，那么这两个概念之间是交叉关系。用a、b表示两个概念，在交叉关系下，即有的a是b，有的a不是b，而且，有的b是a，有的b不是a。

例如：“妇女”和“老师”这两个概念之间，老师当中有女老师，也有不是妇女的男老师；而且在妇女当中，有的职业是老师，也有的职业不是老师。显然，它们之间存在交叉关系。又比如“大学生”和“成年人”之间也是交叉关系。

对于不相容关系（全异关系），又可以进一步细分为矛盾关系和反对关系。

1. 矛盾关系

对于a、b两个概念，如果它们的外延没有任何部分重合，并且对于它们共同的属概念c的外延来说，不是a，就是b，即c=a+b，那么a与b之间就是矛盾关系。显然，在a与b的矛盾关系中，有三个概念，即a、b和属概念c，a与b都是真包含于c，因为它们的外延都是c的外延的一部分，同时a与b的外延不重合，而它们的外延加起来就是概念c的外延。

例如：“奇数”和“偶数”之间，对于它们的属概念“整数”，任何一个“整数”，不是“奇数”就是“偶数”，而且“奇数”和“偶数”之间互不相容，因此它们是矛盾关系。又如“男人”和“女人”、“成年人”和“未成年人”等等之间都是矛盾关系。

2. 反对关系

对于 a、b 两个概念，如果它们的外延没有任何部分重合，并且对于它们的属概念 c 的外延来说，a 与 b 的外延只是其中一部分，即 c>a+b，那么 a 与 b 之间就是反对关系。

作为另一种不相容关系，反对关系与矛盾关系不同的地方在于，a 与 b 的外延加起来也只是属概念 c 外延的一部分，而不是全部。比如“黑色”和“红色”，它们的属概念是“颜色”，但是除了“红色”和“黑色”，还有“白色”“黄色”等也是“颜色”的外延，因此它们之间是反对关系。又比如“小学生”和“大学生”等等之间也是反对关系。

判断 a、b 两个概念的关系，先看 a 与 b 是否相交，若相交，则为相容关系；再依据两个概念相交部分 a ∩ b 的大小，若 a 与 b 完全重合，a 与 b 就是同一关系；若相交部分是 a，关系则为 a 真包含于 b；若相交部分是 b，关系则为 a 真包含 b；其他情况下则为交叉关系。若 a 与 b 不相交，则为不相容关系，再继续看它们的属概念 c，如果 a+b=c，则是矛盾关系，否则就是反对关系。概念 a、b 的关系可用图 2-2 表示。

相容关系				不相容关系		
同一	a真包含于b	a真包含b	交叉	矛盾	反对	其他

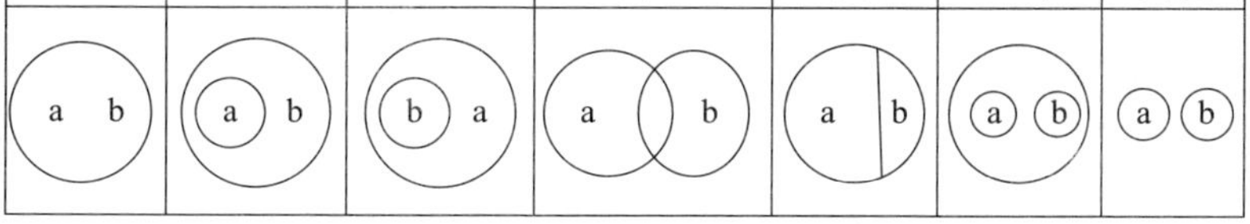

图 2-2　概念 a、b 的关系图

Tips： 如果要分析多个概念之间的关系，可先进行两两分析，再综合起来进行分析。通常，作图是一种非常简单的分析概念之间关系的方法。如，对于（a）人、（b）哺乳动物、（c）鸟、（d）会飞的动物、(e) 男人、(f) 女人和 (g) 长江，它们之间的关系如图 2-3，从而可以轻易地知道其中任何两个概念之间的关系。例如，c 和 d 是交叉关系，f 和 b 是种属关系等。

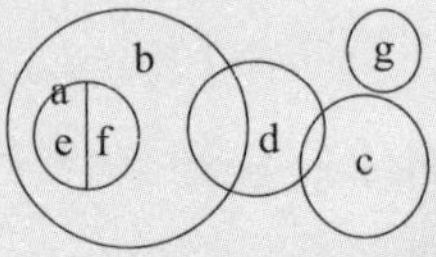

图 2-3 多个概念的关系图

2.1.4 概念的种类

根据不同的划分标准，概念可以有多种不同的分类方式。概念可以分为单独概念、普遍概念和空概念，也可以分为正概念和负概念，还可以分为集合概念和非集合概念。

1. 单独概念、普遍概念和空概念

根据概念所反映的事物的数量，也就是外延的大小，概念可以分为单独概念、普遍概念和空概念。

单独概念，顾名思义，就是只反映一个事物的概念，它的外延也仅仅是一个事物。通常我们说的地名、人名和历史事件等专有名词都可以称之为单独概念。比如，“北京”“上海”等地名，“老舍”“鲁迅”等人名，“七七事变”“长征”等历史事件，这些概念仅仅表示一个事物，或地点，或人名，或事件，因此它们都是单独概念。另外，还有“世界最高峰”“最大的大洋”这样一些概念也是单独概念。

普遍概念就是反映多个事物的概念。因此，普通概念的外延比单独概念要大，包含了两个或者以上的事物。“计算机”“动物”这样的普通名词一般都是普通概念，因为它们的外延包含了许多不同的事物。例如，“计算机”包括“笔记本电脑”和“台式电脑”，“动物”

包含了“熊猫”和“松鼠”等。

空概念，意味着概念所指的事物在现实生活中不存在。比如，“永动机”“神仙”“小于 0 的正数”就是空概念。通常，文学作品和神话传说中虚构的人名、地名和事物名，比如“孙悟空”“极乐世界”和“金箍棒”等；缺乏科学依据的事物，比如“永动机”“世界末日”；前后矛盾的概念，比如“小于 0 的正数”“圆的方”等，这些都是空概念。

2. 正概念和负概念

根据概念是正面描述还是反面描述，可以将其分为正概念和负概念。

负概念是具有否定意义的，表示概念不具备某种属性。通常，表示负概念的词前面都会有否定性的词，表示否定意义，比如“非”“无”和“不”等。“非法”“未成年人”和“无用功”等，它们表示的就是负概念。

相对的，正概念就是具有肯定意义的，表示概念具备某种属性。比如，“合法”“成年人”和“有用功”等，也包括“学生”“人”和“工作人员”这样的普通名词。一般的，常见的一些普通名词都会有它对应的负概念，如“非学生”“非人”和“非工作人员”。

3. 集合概念和非集合概念

从外延的角度，根据概念所指的是否是一个群体来判断，概念可以分为集合概念和非集合概念。

集合概念，就是概念所指的是一个群体，而不能是单独的个体，比如“五岳”，它所指的就是包含“泰山”“恒山”“华山”“嵩山”和“衡山”五座名山这样的一个整体。如果单独地来说“泰山”，就肯定不能说它是“五岳”，这样就是概念不清的逻辑错误了，只能说它是五岳之一。因此，“五岳”指的是一定是群体，而不能只是其中单独的个体，它就是集合概念。“七大洲”和“四大名著”等也是集合概念。

非集合概念所指的可以是单独的个体，而不是群体。比如，“鸟”“颜色”和“马”等都是非集合概念。因为“鸟”可以指向单独的某只鸟，“红色”可以称之为“颜色”等。

但需要注意的是，在不同的语境中，同一个词表示的概念，它的分类也是有区别的，这时候需要紧紧抓住分类的判断依据去进行分析。

例如：“工人是社会中非常重要的群体”这句话中的“工人”显然指向的是这一个群体，而不能是单独的某个人，因此是集合概念；而对于“张三是一名工人”，这里的“工人”表达的却是某个单独个体，因而是非集合概念。

2.1.5　定义

定义是用来明确概念的一种常用的方法。通俗地讲，定义就是对某一个词或句子精确而又简洁的解释。逻辑学中，定义的对象可以是概念（词），也可以是命题（句子），定义就是对它们进行内涵和外延方面的解释。例如：偶数就是能被 2 整除的整数。

定义可以分为三个部分：被定义项、定义项和定义联项。就好比，一个完整的句子可以分为主语、宾语和谓语。被定义项就是定义中的“主语”，即被解释的部分；定义项就是“宾语”，即解释的结果；定义联项就是“谓语”，起连接其他两项的作用。

例如，正方形的一个定义：正方形是四边相等、四个角均为直角的四边形。其中，“正方形”就是被定义项，“四边相等、四个角均为直角的四边形”就是定义项，而“是”则为起连接作用的定义联项。常见的定义联项有：“是”“指”“就是”和“当且仅当”等。

那么，怎样才能得到一个定义呢？下定义的最常见的方法是种差定义，它的形式就是属加种差，也就是被定义项 = 种差 + 它的属。种差，简单地说就是一个概念和它的属概念之间的区别，比如“奇数”和“整数”之间的种差就是“不能被 2 整除”，因此“奇数”的定义就是：奇数是不能被 2 整除的整数。类似的定义有“月球是环绕地球的天然卫星”“北京是中国的首都”等。

如何判断一句话是不是一个定义呢？可以从下面三个方面来判断：

（1）判断定义项与被定义项的外延之间是不是同一关系，也就是两者说的是不是同一回事。例如：鸟是会飞的动物，这并不能作为一个定义，因为有的鸟不能飞，而蝙蝠会飞，但不是鸟，对于“鸟”和“会飞的动物”，它们的外延不是同一关系，因此这句话不能作为一个定义。

同样的，“人是哺乳动物”“北京是一座国际性大都市”也不能作为定义，它们犯了“定义过宽”的逻辑错误；“整数就是能被 2 整除的数”“多边形就是有四条边的封闭图形”，这些就明显犯了“定义过窄”的错误。

（2）判断定义项是不是直接或者间接包含了被定义项，也就是两者的表述是否能区分开来。定义不能是类似于 a 是 a 这样的表述，比如，“北京是名叫‘北京’的城市”“政治学是研究政治的一门学科”。总之，定义项是对被定义项的解释，而不是复述。

此外，定义项如果为负概念，也不能作为对被定义项的一种明确的解释，因此这样的句子也不能称之为一个定义。比如“快乐就是不悲伤”，这样的句子往往也会给人一种复述的感觉。

（3）需要判断定义项是否有歧义。注意的是，定义项具有准确的特点，对于许多修辞性的语句，在逻辑学看来都会产生歧义，因而都不能称之为定义。

比如：“纠结是一种莫名的感觉”“母亲是世界上最伟大的人”“青少年是早上七八点钟的太阳”。第一句中的“莫名”就是含混不清，不准确，第二句是一种情感上的夸张，第三句是比喻句，这三句话都会有歧义，因此都不能作为定义。

Tips：如果是两个定义在一起，就犯了“循环定义”的逻辑错误。比如，“人是有思想的动物，有思想是人区别于其他动物的特点”。这两个定义是在用定义项解释被定义项之后，被定义项又需要定义项来解释，这样就构成了解释不清的死循环了。

2.2 关于“概念”的逻辑训练

2.2.1 你会雇用谁

假设你是某公司的人力资源部员工，要负责招聘20名直接参加中层管理的职员。根据公司的要求，最不可能被录用的是学历在大专以下，或是完全没有管理工作经验的人；在有可能被录用的人中，懂英语或懂日语将大大增加被录用的可能性。为了保证公司的利益，你最有可能录用下面哪位求职者呢?

A. 张先生现年40岁，中专学历，毕业后一直没有放松学习，曾到京平大学经济管理学院进修过半年，收获很大。最近，他刚辞去已任职五年的华亭宾馆前厅经理的职务。

B. 王女士是经济管理学院的副教授，硕士研究生学历，出版过管理学专著。

C. 陈小姐是经贸大学专科班的应届毕业生，在学校学习期间，曾任过某商场业务部见习经理。

D. 刘小姐是外国语学院1995年的本科毕业生，毕业后当过半年涉外导游和近两年专职翻译，精通英语和日语。

【解析】正确答案是 C。本题考察的是对概念内涵的把握。

需要排除的是最不可能被录取的求职者，紧紧把握这两点判断依据：学历不及大专，缺乏管理经验，从而可以排除 A、B 和 D 这三个选项，A 项学历不够，B 和 D 项的工作经验虽然丰富，但均不是管理经验，对于选项 C，学历和经验均达标，因而最可能被录用的是陈小姐。

2.2.2 邀请了几位客人

陈先生要举办一个亲朋好友的聚会。他出面邀请了他父亲的姐夫，他姐夫的父亲，他哥哥的岳母，他岳母的哥哥。陈先生最少出面邀请了几位客人？

A. 未邀请客人。

B. 1 位客人。

C. 2 位客人。

D. 3 位客人。

E. 4 位客人。

【解析】正确答案为 D。本题考察的是概念间的关系。

陈先生所邀请的客人，从性别的角度来看，一共是 1 名女性和 3 名男性；但要注意的是，3 名男性可能存在身份重合的情况。在 3 名男性中，父亲的姐夫和姐夫的父亲不可能重合，而岳母的哥哥与另外两个男性却是有可能重合的，所以，陈先生最少邀请了 3 人。

2.2.3 直升机上的乘客

某架直升机上有 9 名乘客，其中有 1 名科学家，2 名企业家，2 名律师，3 名美国人，4 名中国人。补充以下哪一项，能够解释题干中提到的总人数和不同身份的人数之间的不一致？

A. 科学家和其中的 1 名美国人是夫妻。

B. 其中 1 名企业家的产品主要出口到美国。

C. 2 名企业家都是中国人，且 1 名企业家是律师。

D. 其中 1 名律师是其中 1 名企业家的法律顾问。

【解析】正确答案是 C。本题考察的是概念之间的交叉关系。

根据题干，各种角色相加得到的数目是 12，而一共只有 9 个人。也就是说，必定有 3 个角色是处于重合部分的，因为只有这样才能消去多余的 3 人。根据选项 C，中国人和企业家是交叉关系，重合部分是 2，另外，企业家和律师也是交叉关系，重合部分为 1，满足前面的条件。故选择 C。

2.2.4 宿舍住着多少人

某宿舍住着若干个研究生。其中，1 个是大连人，2 个是北方人，1 个是云南人，2 个人这学期只选修了逻辑哲学，3 个人这学期选修了古典音乐欣赏。假设以上的介绍涉及了这寝室中所有的人，那么，这寝室中最少可能是几个人？最多可能是几个人？

A. 最少可能是 3 人，最多可能是 8 人。

B. 最少可能是 5 人，最多可能是 9 人。

C. 最少可能是 5 人，最多可能是 8 人。

D. 最少可能是 3 人，最多可能是 9 人。

【解析】正确答案是 C。本题考察的是概念之间的关系。

首先，梳理题中信息，可以用图 2-4 来描述家乡的信息，用图 2-5 描述选课的信息。

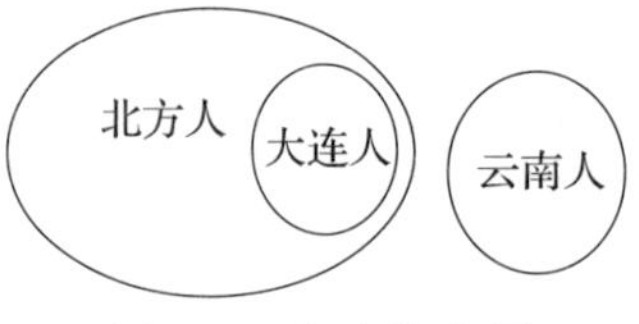

图 2-4　家乡信息图

图 2-5　选课信息图

从家乡所在地域的角度来讲，宿舍中至少有 3 个人，因为大连人包含在北方人之内，而北方人与云南人是不相容关系；从选课上面来讲，宿舍中至少有 5 个人，因为“只选修逻辑哲学”和“选修古典音乐欣赏”是不相容的关系。

接下来，如果考虑最少，就应当尽量让题干中的不同概念之间有重合部分，如果让选课的 5 人包含了前面不同地域的 3 人，就得到宿舍可能的最少人数是 5 个人；如果考虑最大，应该让不同概念之间没有交集，所以最多只能是 8 个人。

2.2.5　参会者都有谁

某次讨论会共有 18 名参会者。已知：

（1）至少有 5 名青年教师是女性；

（2）至少有 6 名女教师已过中年；

（3）至少有 7 名女青年是教师。

根据上述信息，关于参会人员可以得出以下哪项？

A. 有些青年教师不是女性。

B. 有些女青年不是教师。

C. 青年教师至少 11 名。

D. 女教师至少有 13 名。

【解析】正确答案是 D。本题考察的是概念之间的交叉关系。

根据题意，可以做出图 2-6，其中 a 表示同时拥有青年、女性和教师三个身份的参会者，b 表示同时拥有中年、女性、教师三个身份的参会者。根据题目的（1）和（3），就可以清楚的知道 a 至少为 7 名，根据陈述（2）可以判断，b 至少为 6 名。由于 a、b 都是包含在女性这个概念以内，且相互间

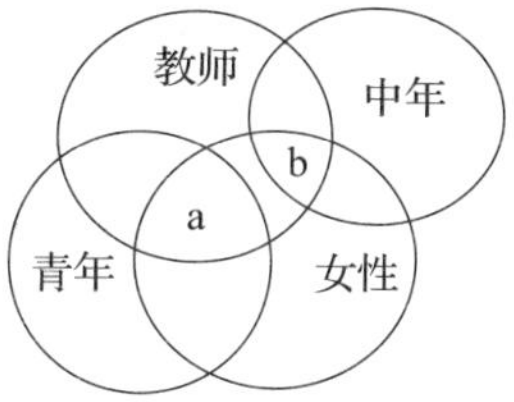

图 2-6　概念分布图

是不相容关系，因此可以确定参会的女教师至少有 13 名。对于 A、B 和 C 三个结论，均无法由已知信息得出。

2.3 有趣的逻辑故事

2.3.1 雨果的回答

19 世纪法国著名的大作家雨果在一次出国旅行中，经过某个国家的边境时，遇到了检查登记的宪兵。宪兵和雨果之间发生了一段如下的对话。

宪兵："姓名？"

雨果："维克多·雨果。"

宪兵："干什么的？"

雨果："写东西的。"

宪兵似乎有点不解，继续盘问道："靠什么谋生？"

雨果不耐烦地答道："笔杆子。"

宪兵结束了盘问，在登记薄上面写着：姓名：维克多·雨果，职业：笔杆贩子。想不到享誉世界的大作家竟然被当做了贩笔的商人，这真是令雨果啼笑皆非。

为什么雨果如实回答，却还是被宪兵填错了职业呢？这是因为，在这个故事中，宪兵对于"以笔杆子谋生"这个概念的理解和雨果是完全不同的。宪兵眼中，"以笔杆子谋生"的外延就是指那些贩笔商人，而雨果认为，像自己这样用笔写文章的作家都可以称得上"以笔杆子谋生"。正是两人对同一个概念的外延认识不同，从而造成了这样的误会。

2.3.2 孔乙己偷书

鲁迅先生的《孔乙己》是大家非常熟悉的文章。其中，穷困潦倒的老书生孔乙己满口之乎者也，知道“茴”字的四种写法，给读者留下了迂腐不堪的深刻印象。其中最著名的莫过于，“窃书不能算偷书”的故事了。

当时，因为偷了何家的书，孔乙己被别人在一旁调侃。孔乙己自认为是个读书人，顾及面子，始终不肯承认，结果却当场被人揭穿。有人说亲眼看到他偷了何家的书，被吊着打。这时候孔乙己便涨红了脸，额上的青筋条条绽出，争辩道：“窃书不能算偷……窃书……读书人的事，能算偷么？”他的回答引得众人哄笑起来。

孔乙己的这句话之所以引得众人哄笑，正是因为孔乙己不认为“偷”和“窃”表达的是同一个概念。众所周知，“窃”是书面语，“偷”更多是口语，两者说的都是令人不齿的不正当行为。而迂腐的孔乙己坚持“偷”和“窃”不是同一回事，还以此来为自己辩解，岂不令人笑哉。

2.3.3　算命先生的秘诀

从前，有三个秀才一起进京赶考。在赶考的途中，他们路过了一座山，听说山上住着一位神机妙算的算命先生，人们都称之为“活神仙”。这三位秀才好奇心起，便一起前去向这位算命先生求教：“先生，请问我们当中能有几人上榜呢？”算命先生闭上眼睛，掐着手指，算了一会儿，然后向三位秀才竖起来一根手指。三位秀才不知道这是什么意思，在旁边静候着，过了许久也未见算命先生开口，便请求先生说清楚一点。算命先生只对他们说道：“天机不可泄露，日后你们自会知晓。”三位秀才带着满腹的疑惑就离开了。

后来，三个秀才当中只有一人上榜，这个人似乎明白了当初算命先生的意思，特地过来酬谢，一见面就夸奖说：“先生料事如神，果然名不虚传。”还学着当初算命先生那样竖起一根指头说：“确实‘只中一个’。”

秀才走后，旁边的徒弟便请教道：“先生，怎么算得这么准呢？”

算命先生嘿嘿一笑说："其实很简单，三个人一起来的，我只竖一根手指，但是可以做出三种不同的解释：如果三人都没中，就是'一律不中'的意思；如果只有一人没上榜，就是'一人未中'的意思；如果只有一人上榜，就是'只中一个'；所有人都上榜的话，就是'一律都中'。不管他们考得怎样，我的预测都是准的。"徒弟对算命先生更加佩服了。

这位算命先生其实并不能预测未来的事情，他只不过是机智地利用"一根手指"来表示多种情形，也就是使用了一个有歧义的东西来表达多个不同的概念。这在逻辑上是存在错误的，这位算命先生不过虚张声势，只不过三位秀才没有发现罢了。

2.3.4 赏赐的一半

有一天，阿凡提准备向国王汇报一些好消息。可是，宫廷前的卫兵拦住了他，阿凡提费了好一番周折才得以见到国王。国王听了阿凡提带给他的好消息后非常高兴，准备奖赏阿凡提，便问他："阿凡提，你打算要什么样的赏赐呢？"阿凡提回答道："我想要五十大鞭。"

国王觉得纳闷，但是阿凡提坚持要这个"赏赐"。国王无奈，只好命令旁边的打手打阿凡提五十大鞭，阿凡提在一旁数着，当他数到第二十五鞭时，便喊道："停！剩下的二十五鞭请赏给我的搭档吧！"国王便问道："谁是你的搭档？"阿凡提回答道："我刚刚来拜见您时，被宫门前的卫兵拦住了，我身上没有钱，他便要我发誓将我得到的赏赐的一半分给他，这才让我进来。"

这个故事中，阿凡提巧妙地利用了概念的外延，他所要的赏赐和卫兵想象中的赏赐是完全不同的。卫兵以为阿凡提会得到的赏赐一定是好东西，谁知道阿凡提虽然答应了卫兵给他一半赏赐，但是却坚持要国王赏他五十大鞭，从而让卫兵也吃到了苦头。

第3章
直言命题

逻辑学中的命题也叫做判断。比如，“小明是班长”就是一个命题。

3.1　认识直言命题

直言命题是一种简单命题。

3.1.1　了解命题

我们在生活中总会碰到各种各样的命题，它们一般都是“是什么”“不是什么”“什么是对的”“什么是错的”等句式，表示对事物的一种肯定或者否定。有些命题是真的，比如，“北京是中国的首都”；也有些命题是假的，比如，“1 大于 2”。

通常，命题可以分为简单命题和复合命题。简单命题就是单个判断语句，复合命题则由多个判断语句组成。例如：

- 小明是班长。（简单命题）
- 小明不仅是班长，而且学习成绩优秀。（复合命题）

简单命题中，有直言命题和关系命题。直言命题，也叫性质命题，表示的是事物的属性，可以表示肯定，如“俄罗斯是世界上领土面积最大的国家”，也可以表示否定，如“有些金属不是固态的”。关系命题，表示的是事物之间的关系，如“俄罗斯和中国是相邻的国家。”

3.1.2 直言命题的结构

直言命题通常都是由四个部分组成的：主项、谓项、联项和量项。

主项：通常在命题中充当主语的概念，一般是名词。比如：如“所有奇数都是整数”中的“奇数”，“北京是中国的首都”中的“北京”，“吸烟有害健康”中的“吸烟”。

谓项：命题中表示性质的概念，可以是名词，“北京是中国的首都”中的“中国的首都”；也可以是形容词，比如：“这朵花是红色的”中的“红色的”；还可以是动词或动词短语，比如“吸烟有害健康”中的“有害健康”。

联项：命题中主项和谓项之间的连接词，比如：“都是”“不是”“是”，其中“不是”表示的是否定。在有些命题中，联项是省略的，比如“时间宝贵”，省略了“是”。

量项：命题中表示数量的词语，和主项相搭配。比如：“所有奇数都是整数”中的“所有”，“有些人是好人”中的“有些”等。

> **Tips**：总的来说，直言命题的构成为：（量项）+ 主项 +（联项）+ 谓项，其中主项和谓项是必不可少的，在逻辑学中，用“S”表示主项，“P”表示谓项。

3.1.3　直言命题的分类

直言命题可以根据它的联项和量项来进行分类。

根据联项是肯定的还是否定的，可把直言命题分为肯定命题和否定命题，这也叫做按质分类。

肯定命题：联项表示肯定，如“北京是中国的首都”。其形式一般是：S 是 P。

否定命题：联项表示否定，如“大于 0 的数不是负数”。其形式一般是：S 不是 P。

根据量项表示数量的不同，直言命题又可以分为单称命题、特称命题和全称命题三种，这也叫做按量分类。

单称命题：表示特定的单个事物，量项通常有“这个”“那个”等指示代词。比如：“这台机器是坏的”。另外，主项是专有名词的直言命题。比如：“北京是中国的首都”也是单称命题。

特称命题：表示部分事物，量项通常是“有些”“很多”等。比如：“有些人是好人”“很多整数是奇数”等。

全称命题：表示全部的事物，量项通常有“所有的”“任意”和“一切”等表示全部的词。比如：“所有的正数都大于 0”“每个人的生命都是宝贵的”。

综合以上两种分类方法，将两种判断方式组合起来，就可以得到直言命题一共有如下六种分类方式：

单称肯定命题：如“小明是班长”。其形式一般是：(某个) S 是 P。

单称否定命题：如“美国不是中国的邻国”。其形式一般是：(某个) S 不是 P。

特称肯定命题：如“有些哺乳动物生活在水里”。其形式一般是：有些 S 是 P。

特称否定命题：如“有些鸟不会飞”。其形式一般是：有些 S 不是 P。

全称肯定命题：如“所有的鱼都生活在水里”。其形式一般是：所有 S 是 P。

全称否定命题：如“所有的自然数都不是负数”。其形式一般是：所有 S 不是 P。

在逻辑学中，可以把“表示特定的单个事物”的单称命题看做“表示全部的事物”的全称命题的一种特例。因为，从主项外延的角度来看，这两种命题都是描述的“全部”，而不是特称命题中的“部分”。这样，直言命题的分类简化为四种：全称肯定命题、全称否定命题、特称肯定命题和特称否定命题，在逻辑学中的表示如表 3-1 所示。

表 3-1 直言命题的分类

直言命题	表达形式	缩写	简称	例子
全称肯定命题	所有 S 是 P	SAP	A 命题	所有的鸟都是动物
全称否定命题	所有 S 不是 P	SEP	E 命题	所有的昆虫都不是人类的朋友
特称肯定命题	有的 S 是 P	SIP	I 命题	有的国家是中国的邻国
特称否定命题	有的 S 不是 P	SOP	O 命题	有的学科不是理科

Tips：对于生活中遇到的有些直言命题，它们的表示形式未必像上述一样准确，在判断其类型时应该先将其转化为标准形式。比如：“没有一个正数小于 0”，可转化为标准形式“所有正数都大于 0”，形式是“SAP”，是 A 命题。

3.1.4 直言命题的真假判断

判断一个直言命题的真假，有两种方式，一是根据“S”和“P”

两个概念之间的外延关系来判断，二是根据其他命题的真假来判断。

1. 根据外延关系来判断

任何一个直言命题归根结底就是对“S”和“P”之间关系的一种描述，往往可以根据“S”和“P”外延的关系来判断命题的真假。

当“S”和“P”是同一关系时，如“正数”和“大于 0 的数”，这时候“所有正数都是大于 0 的数”和“有的正数是大于 0 的数”是真命题，“所有正数都不是大于 0 的数”和“有的正数不是大于 0 的数”是假命题。即 SAP 和 SIP 为真，SEP 和 SOP 为假。

当“S”真包含“P”时，如“整数”和“奇数”，这时候“所有的整数都是奇数”和“所有的整数都不是奇数”是假命题，“有的整数是奇数”和“有的整数不是奇数”是真命题。即 SAP 和 SEP 为假，SIP 和 SOP 为真。

同样的，在“S”和“P”是其他关系时，我们也可以得到相应命题的真假。总结起来，根据“S”与“P”的关系，直言命题的真假情况如表 3-2 所示。

表 3-2 直言命题的真假判断

直言命题	同一关系	S 真包含 P	S 真包含于 P	交叉关系	不相容关系
SAP	真	假	真	假	假
SEP	假	假	假	假	真
SIP	真	真	真	真	假
SOP	假	真	假	真	真

2. 根据真假关系来判断

如果并不清楚命题中“S”和“P”之间的关系，命题的真假也可以根据相关直言命题的真假来判断。例如，对于具有相同的“S”（人）和相同的“P”（好人）的下列命题。

A 命题：所有人都是好人；

E 命题：所有人都不是好人；

I 命题：有些人是好人；

O 命题：有些人不是好人。

它们之间的真假关系为：如果 A 为真，则可以得到三个判断：E 为假，I 为真，O 为假。我们可以用表 3-3 来表示。

表 3-3　直言命题真假关系表

已知	A 真	A 假	E 真	E 假	I 真	I 假	O 真	O 假
A	—	—	假	不确定	不确定	假	假	真
E	假	不确定	—	—	假	真	不确定	假
I	真	不确定	假	真	—	—	不确定	真
O	假	真	真	不确定	不确定	真	—	—

逻辑学中，将表 3-3 中命题 A、E、I 和 O 之间的关系分为以下几类。

- 反对关系：如 A 和 E 之间，不能同真，可以同假。也就是，已知其中一个为真，另一个就是假，已知其中一个为假，另一个不确定。
- 差等关系（从属）：如 A 和 I、E 和 O 之间，如果特称命题为假，则相应的全称命题就为假；如果全称命题为真，相应的特称命题就是真。
- 矛盾关系：如 A 与 O、E 与 I 之间，若其中一个为真，另一个必定为假。
- 下反对关系：如 I 和 O 之间，不能同假，可以同真。也就是，已知其中一个为假，另一个就是真，已知其中一个为真，另一个不确定。

这些关系可以用图 3-1 来表示。

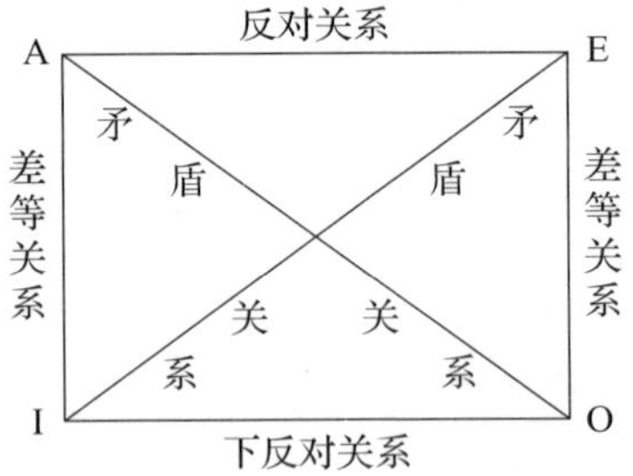

图 3-1　直言命题真假关系图

如果考虑单称命题“这个人是好人”“这个人不是好人”的话会怎样呢？首先，可以确定这两个单称命题是矛盾关系的。其次，单称命题与相应的全称命题是具有差等关系的，与相反的全称命题具有反对关系。比如：如果“这个人是好人”为假，则有 A 命题为假，E 命题不能确定；如果“这个人是好人”为真，则有 A 命题不能确定，E 命题为假。若 A 命题为真，则“这个人是好人”也为真；若 E 命题为真，则“这个人是好人”为假。同样的，单称命题与相应的特称命题也是具有差等关系的，与相反的特称命题是下反对关系。

因此，若考虑具有相同“ S”和“ P”的单称命题，直言命题的真假关系图如图 3-2 所示。

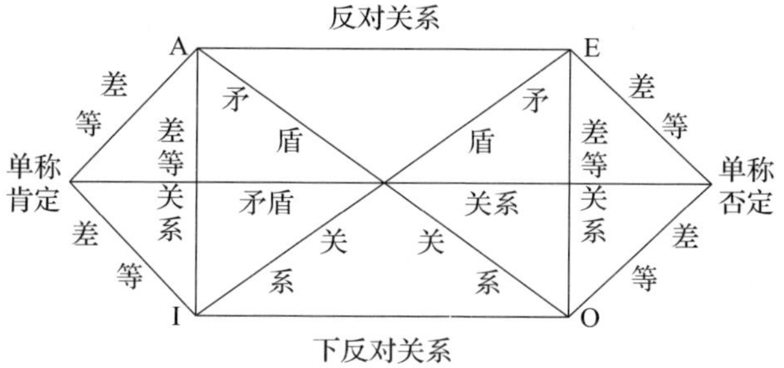

图 3-2　完整的直言命题真假关系图

Tips： 至此，我们完全可以由一个已知的直言命题推断出另一个直言命题，这种只由一个命题为前提的推理过程就叫做直接推理，它是一种最简单的演绎推理。比如，根据直言命题的真假关系，已知 SAP，显然可以得到对应的 SIP。这是根据差等关系进行的直接推理。逻辑学中的推理指的就是由已知的命题推出新的命题这一过程。

3.2 “直言命题”的逻辑训练

3.2.1 谁有嫌疑

对某受害人的五位朋友进行侦查分析后，四个警员各自做出了如下推测：

甲说：“这五个人都有嫌疑。”

乙说：“老陈不能逃脱干系，他有嫌疑。”

丙说：“这五个人不都是有嫌疑的。”

丁说：“五人中肯定有人作案。”

如果四个人中只有一个人推测正确，那么以下哪项为真？

A. 甲推测正确，老陈最有嫌疑。

B. 丙推测正确，老陈没有嫌疑。

C. 丙推测正确，但老陈可能作案。

D. 丁推测正确，老陈有嫌疑。

【解析】正确答案是 B。本题考察的是直言命题之间的矛盾关系。

第一步：化为标准形式。直接根据已知信息可知，甲说的是 SAP 命题，乙说的是单称肯定命题，丙说的是 SOP 命题“有些人是没有嫌疑的”，丁说的是 SIP 命题“有些人有嫌疑”。

第二步：找突破口。甲说的（SAP 命题）与丙说的（SOP 命题）之间是矛盾关系，即“一假一真”，因此其中必定有一个假命题和一个真命题。

第三步：根据题意，只有一人推测正确，结合上述结论，从而可以得到乙和丁两人所说的均是假命题。对应也就得到，“老陈是没有嫌疑的”和“所有人没有嫌疑”，此处便可以直接选择 B 选项了。

第四步：再回过头来，由第三步的结论就可以得到甲说的是假的，丙说的是真的。再次确认答案选择 B。

3.2.2　杯子中是什么

桌子上有四个杯子，每个杯子上写着一句话。

第一个杯子："所有的杯子中都有水果糖。"

第二个杯子："本杯中有苹果。"

第三个杯子："本杯中没有巧克力。"

第四个杯子："有些杯子中没有水果糖。"

如果其中只有一句话真，那么以下哪项为真？

A. 所有的杯子中都有水果糖。

B. 所有的杯子中都没有水果糖。

C. 所有的杯子中都没有苹果。

D. 第三个杯子中有巧克力。

【解析】正确答案是 D。本题考察直言命题之间的矛盾关系。

第一步：化为标准形式。四句话均为标准形式。第一句是 SAP 命题，第二句是单称肯定命题，第三句是单称否定命题，最后一句是 SOP 命题。

第二步：找突破口。第一句（SAP 命题）和最后一句（SOP 命题）之间是矛盾关系，因此，在这两句话中必定有一句话为真，另一句话为假。

第三步：根据题意，四句话中有且仅有一句话为真，因此，第二句话为假，从而得到第二个杯子中没有苹果；同理，第三句话为假，得到第三个杯子中有巧克力。因此，可以直接得到答案为 D。

注意，此处我们始终无法知道第一个杯子和第四个杯子上的哪句话为真，但并不妨碍我们找到本题的正确答案。

3.2.3　猜盒定婚

莎士比亚在《威尼斯商人》中写到，富家少女鲍细娅品貌双全，贵族子弟、公子王孙纷纷向她求婚。鲍细娅按照其父遗嘱，由求婚者猜盒定婚。鲍细娅有金、银、铅三个盒子，分别刻有三句话，其中只有一个盒子放有鲍细娅肖像。求婚者中谁通过这三句话猜中鲍细娅的肖像放在哪只盒子里，谁就能娶到新娘。三个盒子上刻的三句话如下。

①金盒子：肖像不在此盒中。

②银盒子：肖像在铅盒中。

③铅盒子：肖像不在此盒中。

鲍细娅告诉求婚者，上述三句话中，最多只有一句是真的。如果你是一位求婚者，如何尽快猜中鲍细娅的肖像究竟放在哪一个盒子里呢？

A. 金盒子。

B. 银盒子。

C. 铅盒子。

D. 要么金盒子，要么银盒子。

【解析】正确答案是 A。本题考察单称命题之间的矛盾关系。

第一步：化为标准形式。三句话均为标准形式。三个命题均为单称命题，其中第一个和最后一个为否定命题，第二个为肯定命题。

第二步：找突破口。注意到，第二句话“肖像在铅盒中”和第三句话“肖像不在此盒中”是具有相同 S 和 P 的单称肯定命题和单称否定命题，因此它们之间的关系是矛盾关系。即两者之中必定有一个为真，另一个为假。这就是突破口。

第三步：结合题意，最多有一句话是真的，因此第一句话是假的，从而可以得到“肖像在此盒（金盒）中”。答案选择 A。

注意，最后可以得到第二句话为假命题，第三句话为真命题。

3.2.4 税务检查

在某次税务检查后，四个工商管理人员有如下结论。

甲：所有个体户都没纳税。

乙：服装个体户陈老板没纳税。

丙：个体户不都没纳税。

丁：有的个体户没纳税。

如果四人中只有一人断定属实，则以下哪项是真的？

A. 甲断定属实，陈老板没纳税。

B. 丙断定属实，陈老板纳了税。

C. 丙断定属实，但陈老板没纳税。

D. 丁断定属实，陈老板没纳税。

【解析】正确答案是 B。本题考察特称命题之间的下反对关系。

第一步：化为标准形式。丙所说的可以化为“有的个体户纳了税”，为 SIP 命题，甲说的是 SEP 命题，乙说的是单称否定命题，丁说的是 SOP 命题。

第二步：找突破口。丙说的（SIP 命题）与丁说的（SOP 命题）之间是下反对关系，即两者不能同时为假，因此其中必定有一个真命题。

第三步：根据题意，只有一人说的是真话，因此甲乙两人所说的均不属实。也就得到，SEP 命题为假和“服装个体户陈老板纳了税”。

第四步：回过头来，由 SEP 命题为假和单称肯定命题“服装个体户陈老板纳了税”均可以得到丙说的 SIP 命题为真。所以答案选择 B。

3.2.5 谁是团员

甲、乙、丙和丁是同班同学。

甲说：“我班同学都是团员。”

乙说：“丁不是团员。”

丙说："我班有人不是团员。"

丁说："乙也不是团员。"

已知只有一个人说假话，则可推出以下判定哪项肯定是真的。

A. 说假话的是甲，乙不是团员。

B. 说假话的是乙，丙不是团员。

C. 说假话的是丁，乙不是团员。

D. 说假话的是甲，丙不是团员。

【**解析**】正确答案是A。本题考察直言命题之间的矛盾关系。

第一步：化为标准形式。直接根据已知信息可以知道，甲说的是SAP命题，丙说的是SOP命题，乙和丁说的都是单称否定命题。

第二步：找突破口。甲说的（SAP命题）与丙说的（SOP命题）之间是矛盾关系，即"一假一真"，因此其中必定有一个假命题和一个真命题。

第三步：根据题意，只有一人说的是假话，因此乙和丁两人所说的均是真命题。也就得到，"乙不是团员"是正确的。

第四步：回过头来，由乙和丁两人所说的单称否定命题均可以得到"有些人不是团员"。也就是丙说的为真，甲说的为假。所以答案选择A。

3.3 有趣的逻辑故事

3.3.1 该来的没来

从前，有一个人在生日那天大摆酒席，宴请了很多好友。准备开席的时候，这位主人清点了一下到场的人数，发现还有几个人没到，便自言自语道："该来的怎么还不来呢？"他的这句话恰好被旁边的宾客听到了，这些人心里想道："主人家说该来的还不来，是不是我就不该来了？"他们觉得再待在这里也没意思，便起身向主人告辞离开了。

这位主人很后悔刚刚自己说的话，便极力挽留要走的宾客，接连解释道："不该走的怎么走了？"这时，那些正准备入席的客人听到主人这么一说，便觉得："主人家说不该走的走了，我还在这里，是不是我该走啊？"他们也觉得没有意思，便一起向主人告辞，都走了。

来的宾客都走了，只剩下一位多年的至交好友。好友便责怪他："你看你，好好的酒席搞成这样，说话也不用点心，这下客人都有意见，全走了。"主人觉得自己说的没错，便辩解道："我说的不是他们。"好友一听这话，觉得自己的好意都被糟蹋了，也忍不住了，便对主人埋怨道："不是他们！那只有是我了！"于是也气愤地走了。主人瘫坐在地上，看着这空荡荡的酒席，也不知道自己究竟错在哪里。

在这个让人哭笑不得的故事中，主人为什么会造成这样尴尬不堪的局面呢？从逻辑学的角度来分析：他没有依照实际情况，弄清楚命题之间的关系。首先，根据我们通常的理解，主人家说的"该来的还不来"和"不该来的来了"是等价的，也就是前者成立的时候，后者也是成立的。因而，当其他客人听到主人说这句话时便觉得不受欢迎，纷纷告辞了。同样的，主人家说的"不该走的走了"和客人们以为的"该走的没走"也是等价的，所以又走了许多客人，最后只剩下他的一个老友。

主人对老友说的话同样是这个道理。在当时的情境下，主人说的"我说的不是他们"和"我说的是你"是等价的，因而这个朋友最后也气愤地走了。这个故事告诉我们，弄清逻辑对把话说清是必要的，逻辑不清则话不明。

3.3.2 无功就是有过

下面这则故事引自清朝翰林学士纪昀晚年写的《阅微草堂笔记》。

有个叫郑苏仙的人，有一次做梦，梦见自己来到了冥王府，看见阎王正在审判一位官员。这位官员挺着腰板，自称一生为官，所到之处只喝老百姓的一杯水，无愧于心。阎王笑着说道："做官就要治理国家、造福百姓，不管是多小的官，都需要根据法理来为国家、为百姓权衡利弊。如果说不拿百姓钱财就是好官，那么把一个木偶放在官位上，它连老百姓的水也不会喝，是不是比你还要廉洁呢？"

这位官员听了，又为自己辩护："我虽没有功，但也没有过啊！"

阎王又说："你为官期间做得最多的是保全自己。某个案子，你为了避开嫌疑没敢说话，这不是有负于民吗？某件事情，你怕麻烦没有上报朝廷，这不是有负于国吗？对为官者，三年要考察一次政绩，为什么？就是因为，无功就是有过！"当官的大吃一惊，顿时心虚，羞愧难安。

从逻辑学的角度来看这个故事，这位官员说的"自己没有功也没有过"，是并列的两个命题。在官员眼中，"为官者有功"和"为官者有过"只是反对关系，"为官者无功"并不等同于"为官者有过"。而在阎王眼中，这两个命题是矛盾关系，"为官者无功"就等同于"为官者有过"。

3.3.3 马克·吐温的道歉

美国著名小说家马克·吐温以文笔犀利而著称，他在文章中深刻揭露了美国政客和资本家的丑恶嘴脸，这也给他带来了许多麻烦。有一次，马克·吐温在回答记者提问时说了一句："美国国会中，有些议员是婊子养的。"记者当然不会放过这个引爆事件，马克·吐温的这句话马上就在出现在各大报刊上，引起了轰动。

坐在白宫开会的美国议员们再也忍耐不住了，纷纷公开谴责马克·吐温，说他的说法是人身攻击，强烈要求马克·吐温公开道歉，否则就联合起来以诽谤罪起诉他。这个时候，很多人虽然暗地里支持马克·吐温，但也非常担心他的安危，纷纷劝他道歉了事。

几天过后，马克·吐温便在某个著名报刊上刊登了一则道歉启事，大意是这样的：

前几天我在回答记者问题时，不经意间说到美国国会中有些议员是婊子养的。事后，很多人站出来谴责我，觉得我诽谤议员。我经过再三考虑，觉得这个说法确实不恰当，也不符合事实，故特此声明，把我的话做如下修改：美国国会中，有些议员不是婊子养的。

这一道歉启事刊登出去后，那些找麻烦的国会议员们再也无话可说。

这个诙谐的故事中，马克·吐温的道歉令人忍俊不禁，不得不佩服马克·吐温的机智。这份道歉启事既止住了风头，让国会议员们无话可说，又进一步达到了抨击的效果。从逻辑学的角度，马克·吐温回答记者的是一个特称肯定命题，这也引来了议员的谴责；而道歉启事中修改后的是一个特称否定命题，这个命题否定的也只是部分，不能代表全部，而议员也无法反驳，只能作罢。

3.3.4　皇帝是老头子

话说清朝有一位官员，有一次在书房迎接了皇上，等皇上走后，便问身边的仆人："老头子走远了吗？"哪知这个时候，皇上并未走远，并且隐约听到了这位官员的话。皇帝心中不悦，便又回到了书房，责问这位官员刚刚说的是什么。这位官员感觉形势不妙，急中生智，便赶紧跪在地上，对皇帝慢慢地解释道："皇上息怒，奴才之所以这么叫您，完全是出于对您的尊敬。皇上万寿无疆，这称为'老'；皇上顶天立地，这称为‘头’；皇上贵为天子，这称为‘子’。正是因为这三点，所以称您为‘老头子’是合乎情理的。还请皇上恕罪！”皇上一听这话，心里的气也消了，便离开了，在旁的仆人也是吓出一身冷汗来。

在这个故事中，这位官员称皇上为“老头子”，这是一个直言命题。皇上隐约听到了这个不好的称谓肯定会不高兴。之后，这位官员又巧妙地用了三个直言命题来解释“老头子”这个称谓：万寿无疆就是“老”，顶天立地就是“头”，贵为天子就是“子”。这三个解释让皇帝消了气，也为自己避免了祸端。

第4章 直言三段论

通常我们所说的逻辑推理有演绎推理、类比推理和归纳推理等。三段论就是一种重要的演绎推理，比只以一个命题为前提的直接推理要复杂。三段论在我们的日常生活中应用非常广泛，它和其他演绎推理一样，体现了由一般到特殊的特征。

4.1 认识直言三段论

下面是一个典型的直言三段论。

前提：所有的昆虫是动物；

　　　所有的瓢虫是昆虫。

结论：所有的瓢虫是动物。

4.1.1 直言三段论的结构

在逻辑学中，把三段论中前两个命题称之为两个前提，最后的命题称之为结论。三个命题都是直言命题时，则为直言三段论。

从上面直言三段论的例子可以看出，三个直言命题中包含了“瓢虫”“昆虫”和“动物”三个关键的词语。它们占据着直言命题中主项或谓项的关键位置。在它们之中，把结论的谓项称之为大项，如“动物”；把结论的主项称之为小项，如“瓢虫”；剩下一个词“昆虫”在每个前提中都出现过，在结论中没有出现，称之为中项。

在直言三段论的两个前提之中，包含大项的就叫做大前提，如“所有的昆虫是动物”；包含小项的就叫做小前提，如“所有的瓢虫是昆虫”。中项“昆虫”是一个公共词，它在三段论中十分重要，它起到把大、小前提连接起来，从而推出结论的桥梁和纽带作用，而这个结论表示的就是大项“动物”和小项“瓢虫”之间的关系。

正是因为三段论拥有大和小的两个前提，所以在日常生活中，三段论经常被用来阐述某个观点，这是一种最方便、最有效也最有说服力的方法。这时候，大前提通常都是引用的某些一般性原理，小前提往往是个别的特殊性事件，从而得到有说服力的结论。例如，在司法过程中，法庭审判的环节其实就是三段论的推理过程，可以认为它的大前提就是法律法规，小前提是客观事实。

在直言三段论中，大项通常用 P 表示，小项用 S 表示，中项用 M 表示。这样，上述推理的标准形式可以表示为（用字母组合表示相应命题的形式）如下形式。

大前提：所有的 M 都是 P。（MAP）

小前提：所有的 S 都是 M。（SAM）

结论：所有的 S 都是 P。（SAP）

总的来说，直言三段论还有一些其他的标准形式。它们的区别主要是 M 的位置不同，或者各个命题的类型不一样。比如，上述三段论中，每个直言命题均为 A 命题。

直言三段论的部分标准形式也可以如下。

大前提：所有的 P 都是 M。（PAM）

小前提：所有的 M 都不是 S。（MES）

结论：所有的 S 都不是 P。（SEP）

又如：

大前提：所有的 M 都不是 P。（MEP）

小前提：有的 M 是 S。（MIS）

结论：有的 S 不是 P（SOP）

Tips：一般我们在表述一个三段论时，大前提写在前面，小前提写在后面，最后才是结论。但在日常生活中，我们遇到的直言三段论往往都不是标准形式的，甚至有的前提已经省略，这时需要我们将其化为标准形式，让逻辑思路更加清晰。例如：迷信是不科学的，所以迷信不是真理。这个本质上也是三段论，只是它省略了“科学的就是真理”这个大前提。

4.1.2 认识“周延”

在深入了解直言三段论之前，有必要引进逻辑学中的一个重要的术语“周延”。什么是周延呢？结合我们之前学过的概念的外延就很好理解。

我们知道，每一个标准形式的直言命题中都包含了主项和谓项。如果一个直言命题本身是直接或间接地对其主项（或谓项）的全部外延作了断定的，我们就说它的主项（谓项）是周延的，否则就是不周延的。因此，周延性是直言命题中的主项（谓项）才具有的，不是任何一个表示概念的词都具备的。另外，周延性由直言命题整体的性质决定，与主项（谓项）自己所表示的概念无关。

例如：“所有的鱼都是生活在水中的动物”，根据这个直言命题的性质，主项“鱼”的外延是被全部包含在直言命题内的，而谓项“生活在水中的动物”的外延却没被全部包含在内。因此，主项“鱼”是周延的，谓项“生活在水中的动物”是不周延的。

总结可以发现，主项（谓项）的周延性与直言命题的形式是直接相关的，是由直言命题的联项和量项来决定的。具体来说，主项的周延性由量项来决定，量项是全称的则主项周延，量项是特称的则主项不周延。谓项的周延性由联项来决定，联项是否定的则谓项周延，联项是肯定的则谓项不周延，如表 4-1 所示。

表 4-1　直言命题主（谓）项周延性表

直言命题类型	主项	谓项	例子
A	周延	不周延	所有的白马都是马
E	周延	周延	所有的昆虫都不是益虫
I	不周延	不周延	有的自然数大于 0
O	不周延	周延	有的鸟不能飞

> **Tips**：通俗地讲，周延就是全部的意思，不周延就是部分的意思。一个直言命题中的主项是周延的，就意味着主项这个概念的全部外延都是符合这个直言命题的。相反地，如果不周延，就意味着这个直言命题只在部分外延中成立。

4.1.3　直言三段论的规则

并不是任意三个直言命题放在一起就能形成直言三段论。那么，怎样判断是否是有效的直言三段论呢？直言三段论有什么样的规则呢？

1. 三段论中有且只有三个不同的概念，分别对应大、中、小项

每一个三段论都包含了大项、中项和小项三个词，它们分别对应着三个不同的概念。其中，中项是三段论中大前提和小前提共有的词，作为连接大项和小项的桥梁，从而可以依靠两个前提得到由大项充当谓项、小项充当主项的结论。

因此，在三段论中有三个不同的项是必不可少的。另外，如果出现了三个以上的概念，它们之间就不能形成紧密的联系，也不能构成三段论了。特别地，三段论中相同的词也可能表达不同的概念，从而造成“多个概念”的逻辑错误。例如：

大前提：篮子中的水果不是一天能吃完的。

小前提：这个苹果是篮子中的水果。

结论：这个苹果不是一天能吃完的。

显然，这个推理过程是错误的。这就是因为同一个词语在不同的语境下所表示的概念也不尽相同。在这个例子中，虽然大前提和小前提中具有共同的词“篮子中的水果”，但是两者表示的概念是不一样的。大前提中这个词是一个集合概念，表达的是篮子中所有水果构成的整体；而在小前提中这个词是非集合概念，表达的只是篮子中部分的水果，没有整体的含义。因此，在这个三段论中出现了四个概念，从而不是有效的直言三段论。

2. 对于中项，必须在两个前提中至少要周延一次

在一个有效的三段论中，它的中项必须起到牵线搭桥的作用，也就是必须要使得大项和小项之间发生联系。例如：

大前提：所有的鱼都是生活在水里的动物。(中项周延)

小前提：所有的金鱼都是鱼。(中项不周延)

结论：所有的金鱼都是生活在水里的动物。(有效)

这个三段论可以用图 4-1 表示。显然，大前提中的中项“鱼”是周延的，三段论中的结论也是正确的。

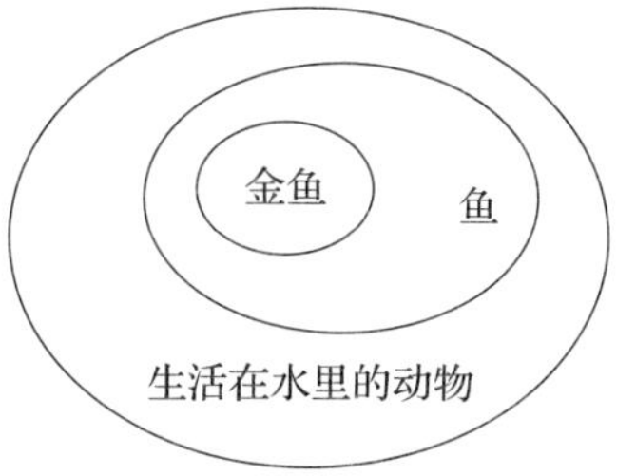

图 4-1　各项的外延关系图

同样可以得出，如果在两个前提里面

中项都周延，整个推论过程也是正确的。例如：

大前提：所有的鱼都是生活在水里的动物。（中项周延）

小前提：所有的鸟都不是鱼。（中项周延）

结论：所有的鸟都不是生活在水里的动物。（有效）

那么，如果在两个前提中，中项都不周延，也就是两个前提都只是包含中项的一部分外延，就可能存在如下的情况。例如：

大前提：所有生活在水里的动物都是鱼。（中项不周延）

小前提：所有的金鱼都是鱼。（中项不周延）

结论：所有的金鱼都是生活在水里的动物。（无效）

通过这个三段论中各项的关系图（图 4-2），可以清楚地看出这个三段论存在的无效的地方。图中体现了中项“鱼”在两个前提中均不是周延的，同时也可以看出由这两个前提不能推论得到结论“所有的金鱼都是生活在水里的动物”。

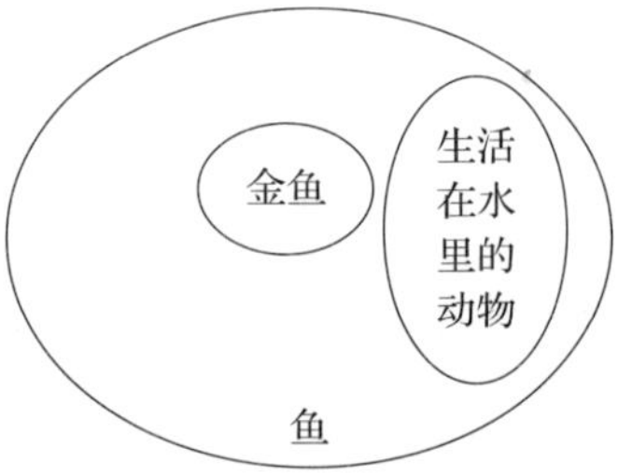

图 4-2　各项的外延关系图

总的来说，在一个有效的三段论的推理过程中，两个前提的中项是至少要周延一次的，否则就会得到图 4-2 中的结果。这是一种常见的逻辑错误。

3. 对于大、小项，不能不周延变为周延

通俗地说，就是不能以偏概全，由部分推导整体。严谨地说，三段论只能是一种必然的、明确的推理过程，如果大项或者小项在前提中不周延，相应地在结论中却是周延的，这个推理过程就不具备必然性了，就在逻辑上产生了错误。例如：

大前提：所有的鸟都是动物。（大项不周延）

小前提：鱼不是鸟。

结论：鱼不是动物。（大项周延）

这个例子是犯了“大项不当周延”的逻辑错误。

还有“小项不当周延”的逻辑错误，例如：

大前提：鲸鱼生活在水里。

小前提：鲸鱼是哺乳动物。（小项不周延）

结论：哺乳动物生活在水里。（小项周延）

4. 两个前提不能都是否定命题

假如有如下的两个否定的前提：“护士都不是医生”“这些工作人员不是医生”，你能推导出什么必然的结论呢？

这是无法推出必然结论的。因为，这些工作人员可能是护士，也可能不是护士，而是其他工作人员。这些都不是必然的。因为，在这样两个否定的前提中，“医生”这个中项根本就没有起到任何连接的作用。

特别的，如果前提中只有一个否定，那么三段论是有效的，结论也是否定的。例如：

大前提：所有的鱼都是生活在水里的动物。（肯定）

小前提：所有的鸟都不是鱼。（否定）

结论：所有的鸟都不是生活在水里的动物。（否定）

另外，如果两个前提都是肯定的，结论也是肯定的。例如：

大前提：所有的鱼都是生活在水里的动物。（肯定）

小前提：所有的金鱼都是鱼。（肯定）

结论：所有的金鱼都是生活在水里的动物。（肯定）

5. 两个前提不能都是特称命题

假如有两个特称命题：“有的鸟能飞”“有的能飞的动物是哺乳动物”，你能推导出什么必然的结论吗？显然，这是无法推出必然结论的。两个特称命题放到一起带来了很大的不确定。

特别的，如果三段论中只含有一个特称命题，那么它的结论也是特称命题。例如：

大前提：有些鸟不能飞。(特称)

小前提：所有的鸟都是脊椎动物。(全称)

结论：有些脊椎动物不能飞。(特称)

4.2 “直言三段论”的逻辑训练

4.2.1 所有圆的都是鸡蛋

《伊索寓言》中有这样一段文字：有一只笨狗习惯于吃鸡蛋。久而久之，它认为“一切鸡蛋都是圆的”。有一次，它看见一个圆圆的海螺，以为是鸡蛋，于是张开大嘴，一口就把海螺吞下肚去，于是肚子疼得直打滚。

这只笨狗误吃海螺是依据下述哪项判断？

A. 所有圆的都是鸡蛋。

B. 有些圆的是鸡蛋。

C. 有些鸡蛋是圆的。

D. 所有的鸡蛋都是圆的。

【解析】正确答案是 A。本题考察的是对于周延性的理解。

根据题目信息，这只笨狗对“一切鸡蛋都是圆的”有了错误的理解，根据它吃海螺的行为，它理解成了“所有圆的都是鸡蛋”。这主要在于，它没有把握住命题谓项的周延性。因为原来的命题是一个 A 命题，它的谓项不是周延的，也就是不能通过这个命题得到“所有圆的都是鸡蛋”这一信息。

4.2.2 奥运会田径比赛

在 2008 年北京奥运会上，所有参加了 4×100 米比赛的田径运动员都参加了 100 米比赛。再加上下列哪项陈述，可以合乎逻辑地推断出“有些参加 200 米比赛的田径运动员没有参加 4×100 米比赛”？

A. 有些参加 200 米比赛的田径运动员也参加了 100 米比赛。

B. 有些参加 4×100 米比赛的田径运动员没有参加 200 米比赛。

C. 有些没有参加 100 米比赛的田径运动员参加了 200 米比赛。

D. 有些没有参加 200 米比赛的田径运动员也没有参加 100 米比赛。

【解析】正确答案是 C。本题考察的是直言三段论的前提。

首先，根据题干信息可以得到该三段论说的是“4×100 米参赛者”“100 米参赛者”和“200 米参赛者”这三个概念，题干中已经有了一个前提和结论，从而可以肯定缺少的是关于“200 米比赛”和“100 米比赛”之间的联系，所以可以排除 B 项。

然后，再根据三段论的另一个规则：结论为否定时，有且只有一个否定前提。题干中给出的前提是肯定命题，而 A 选项也是肯定命题，从而可以排除 A 选项。此处应当注意 C 项可以化为否定形式“有些参加 200 米比赛的田径运动员没有参加 100 米比赛”，D 项也表示否定。

最后，将 C 项代入，可以得到结论是成立的；将 D 项代入，显然不能推出结论。因此，本题选 C。

4.2.3　勤工助学

高校 2007 年秋季入学的学生中有些是免费师范生。所有的免费师范生都是家境贫寒的。凡家境贫寒的学生都参加了勤工助学活动。如果以上陈述为真，则以下各项除了哪一项必然为真？

A. 2007 年秋季入学的学生中有些家境贫寒。

B. 凡没有参加勤工助学活动的学生都不是免费师范生。

C. 有些参加勤工助学活动的学生是 2007 年秋季入学的。

D. 有些参加勤工助学活动的学生不是免费师范生。

【解析】正确答案是 D。本题考察的是三段论的结论。

先做出各个概念的外延关系图（图 4-3），逐个选项进行判断。

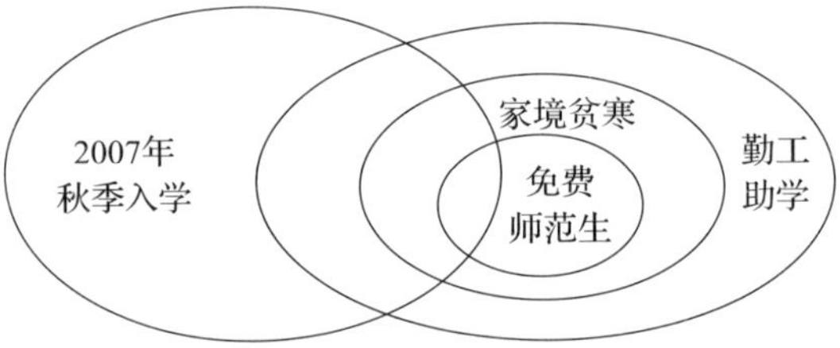

图 4-3 外延关系图

对于选项 A，题干中相关信息有："高校 2007 年秋季入学的学生中有些是免费师范生""所有的免费师范生都是家境贫寒的"。以这两个命题为前提，从而可以推出 A 这个命题是正确的。

对于选项 B，题干中的相关信息有："所有的免费师范生都是家境贫寒的""凡家境贫寒的学生都参加了勤工助学活动"。同样可以得到，以这两个命题为前提的三段论的结论是"所有免费师范生都参加了勤工助学"，和 B 选项是同一含义，从而得到 B 这个命题也是正确的。

对于选项 C，根据上面的结论"所有免费师范生都参加了勤工助学"，再结合题干中的第一句，同样可以构成三段论的两个前提，可以推出 C 这个命题是正确的。

相应的，D 这个命题并不能由题干信息推理得到，无法确定真假。因此，答案也就选择 D 项了。

4.2.4 公司新雇员

有些新雇员招进厂就是白领职员。在该厂的一次民意测验中，所有中学毕业的职工都支持李阳做总经理，所有的白领职员都反对李阳做总经理。如果上述断定是真的，以下哪项关于该厂的断定必定是真的？

A. 所有新雇员都是中学毕业的。

B. 有些中学毕业的职工是白领职员。

C. 有些新雇员不是中学毕业的。

D. 并非所有中学毕业的职工都是新雇员。

【解析】正确答案是 C。本题考察的是三段论的综合运用。

我们可以将题目提炼成三个命题：①有些新雇员招进厂就是白领职员；②所有中学毕业的职工都支持李阳做总经理；③所有的白领职员都不支持李阳做总经理。做出其中各概念的外延关系图如图 4-4 所示。

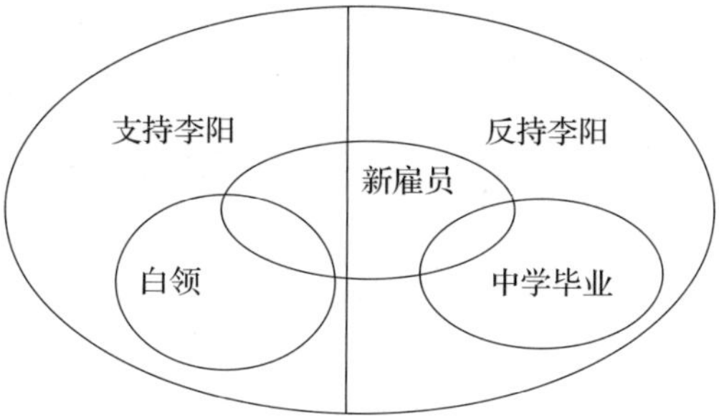

图 4-4 外延关系图

显然，①和③可以组成三段论的两个前提，从而可以得到结论：④有些新雇员不支持李阳做总经理。同样的，②和④也可以组成三段论的两个前提，从而可以得到“有些新雇员不是中学毕业的”。因此，选项 C 正确。

4.2.5 鉴别身份

所有重庆来京的打工人员都办理了暂住证；所有办理了暂住证的人员都获得了就业许可证；有些重庆来京的打工人员当上了门卫；有些业余武校的学员也当上了门卫；所有的业余武校的学员都未获得就业许可证。以下哪个人的身份不可能符合上述题干所做的断定？

A. 一个获得了就业许可证的人，但并非是业余武校的学员。

B. 一个获得了就业许可证的人，但并没有办理暂住证。

C. 一个办理了暂住证的人，但并非是重庆来京打工人员。

D. 一个办理了暂住证的业余武校的学员。

【解析】正确答案是 D。本题考察的是对三段论的综合运用。

题干中身份信息比较多，可以逐个选项进行判断。做出它们的外延关系图如图 4-5 所示。

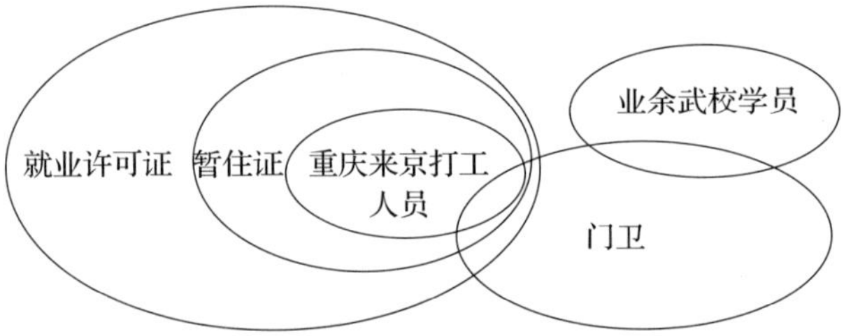

图 4-5 外延关系图

对于选项 A，根据“所有的业余武校的学员都未获得就业许可证”就可以判断是可能成立的；对于选项 B，题中相关的只有“所有办理了暂住证的人员都获得了就业许可证”，并不能排除有人没办理暂住证但是获得了就业许可证，因此可能成立；同样的，对于选项 C，也是可能成立的。从而选择选项 D。

对于选项 D，可以根据相关命题“所有办理了暂住证的人员都获得了就业许可证”和“所有的业余武校的学员都未获得就业许可证”，可以得到结论“所有的业余武校的学员都未办理暂住证”，从而选项 D 是不成立的。

4.3 有趣的逻辑故事

4.3.1 爷爷没好好读书

在一辆公共汽车上，有一个四五岁的男孩和他的爷爷坐在一起。

这个小男孩突然看到了旁边一座很漂亮的大楼，便指着它，对身旁的爷爷说道："爷爷，你看！那楼真高，真漂亮！"小男孩接着又撇着嘴对爷爷问道："爷爷，咱们怎么不搬到那里去住呢？"爷爷看着小男孩，对他说道："等你长大了好好念书。书念得好的人才能住这样的高楼。"这个小男孩便说："爷爷，那么你一定没有好好学习。"这个时候，身边的乘客们都"哄"的一声笑了出来。

在这个小故事中，这个男孩最后的话为什么会引得旁边的乘客笑了出来呢？就是因为他的话是有逻辑错误的。小男孩的三段论的推理是这样的：好好学习的人才能住那样漂亮的高楼，爷爷没有住进漂亮的高楼，所以爷爷没有好好学习。我们可以发现在大前提中，"好好学习的人"是不周延的，而在结论中却是周延的，根据直言三段论的规则，便可以知道这个小男孩的推理过程是犯了"大项不周延变为周延"的逻辑错误了。

4.3.2　这只脚不是我的

有一天，有一个酒鬼买了一双漂亮的新靴子，他当即便把靴子套在了自己的脚上，并用上等的鞋油将靴子擦得亮闪闪的。接着，这个酒鬼大摇大摆地进店喝酒去了。这天他很高兴，便喝了不少的伏特加，直到半夜才酩酊大醉地走出店来，直接倒在路旁就睡着了。这时候，一个流浪汉路过了这里，看到他那双闪闪发亮的新靴子，便把他的两只靴子都脱了下来，偷偷拿走了。

第二天清早，一个人赶着马车经过这里，看到酒鬼的一只脚已经伸到马路中间来了，就下了马车，对他喊道："喂，快点起来啊！"酒鬼还没睡醒，懒洋洋地说道："叫什么呢！大清早的。"这个人不耐烦地喊道："那你把脚收回去，让车子过去！"这个酒鬼半睁着双眼，看看自己的脚，发现昨天穿的那双新靴子不见了，便对赶车的人大声嚷道：“这只脚又不是我的，我的脚穿着靴子呢！”

在这个故事中，这个酒鬼之所以说这只脚不是他的，是因为在他脑海里的推理过程是这样的：我的脚是穿着新靴子的，这只脚没穿新靴子，所以这只脚不是我的。这是一个典型的三段论的推理。但是我们都知道这只脚就是酒鬼的，他为什么会得到的如此荒谬的结论呢？这正是因为这个三段论的大前提在酒鬼的记忆中是成立的，但是实际上当酒鬼的新靴子被人偷走后，它就不成立了。因此，推理得到的结论也就是荒谬的了。

4.3.3　谁是母亲

从前，有两户人几乎同时生了孩子。可是，不久之后，其中一户人家的孩子夭折了，他们便把另一户人家的孩子偷了过来，想当做自己的孩子。这件事马上就被另一家发现了，另一家便找上门来，想要回自己的孩子。两家为此闹得不可开交，两位妇女都坚定地说这个孩子是自己的。而这个孩子还在襁褓之中，还不能说话，旁人也无法分辨真假。

两位妇女便把这件事闹到了官府上，知府大人也无法知晓谁是母亲。他见到两位妇女在公堂上越吵越凶，便把惊堂木一拍，大声说道：“不要吵了！我看，你们两位都不是母亲！这个孩子没收，归官府抚养！”接着，便把她们都轰出了衙门。

没过几天，官府就贴出告示，大意就是那个孩子得了病夭折了，请家属过来领尸。告示一贴出去，孩子的亲生母亲哭喊着来到了官府。而另一位妇女却想：孩子都夭折了，领来有什么用？其实，孩子并没有死。知府大人马上断定这位哭着来官府的妇女就是孩子的母亲，便把孩子判给了她，亲生母亲高兴地将自己的孩子领回了家。

在这个故事中，知府大人的机智不得不让人钦佩，而他判定的依据其实就是一个三段论：因为亲生母亲都会来领自己孩子的尸身，而有一位妇女没有过来领，所以她不是这个孩子的母亲。根据这个三段论，这位知府大人也就找出了谁是孩子的亲生母亲，谁是假冒的。

4.3.4　惹事的波斯猫

在第一次世界大战期间，德国在一次与法国的正面作战中，攻势迅猛，力求速战速决，法军则节节败退，被迫转入阵地防御。法军由于在本土作战，充分利用了战场附近的自然地形，采用了多种隐蔽措施，将剩余的部队和物资全部隐藏了起来，准备避开德军的锋芒，等待援军的到来。法军的隐蔽工作是在极短的时间内完成的，德军没能识破，似乎一夜之间，这只数千人的法军连着大炮都神秘失踪了。经过接连好些日子的侦察，德军始终找不到这支法军的踪迹，高层为此非常头疼，眼看原来的作战计划就要泡汤了。

这天，天气晴朗，阳光也很明媚。德军的一位军官按照惯例拿出了高倍率望远镜侦察着阵地对面的情形，试图找到法军的踪迹。这位军官看得非常仔细，并且把所有细节都记录下来。突然，军官的视野中突然出现一只毛色金黄的波斯猫，这时候的时间大概是上午 8:00 点左右。只见这只猫躺在土包上懒洋洋地晒着太阳，大概过了一个小时，它才跳进了土包的后面。军官觉得有些奇怪，他看了下前几天的记录，发现这几天都是晴朗的天气，也是有一只金黄色的波斯猫在晒太阳，并且这几天都没在附近发现有什么人影。

这时候，这位军官马上便断定出前方就是法军防御部队的一个指挥部，并且把情况汇报给了上级。德军指挥部对这位军官的行为大加赞赏，马上调集了炮兵部队对波斯猫出没的地方进行猛烈的炮击。最后，在德军的猛烈炮击下，这个地方被夷为平地，而法军的这次防御计划也泡汤了。战后，果然发现此处就是法军的一个高级指挥部，里面的指挥官有养猫的爱好。这个指挥部的所有法军，包括那只波斯猫，都葬身在了地下的隐蔽所中。

在这个故事中，这位军官为什么能够断定波斯猫出没的地方就是法军的一个指挥部呢？其实这位军官是利用了几个三段论的推理才断定此处就是法军的一个指挥部。

第一个三段论：这只波斯猫是一只家猫。因为野猫没有这样温顺，白天很少出来，而这只猫却连续几天都出来晒太阳。

第二个三段论，这只猫是法军的。因为附近没有人影，只可能有隐藏的法军，而这只猫的主人在附近。

第三个三段论：附近有法军指挥所。因为这只猫毛色漂亮，比较名贵，并且出现在战场上，而有条件养这种猫并且随身带着的只能是高级指挥官。

正是通过这几个三段论的推理，这位军官发现了法军的破绽，从而扭转了战争的不利局面。

第5章 复合命题

复合命题是由多个简单命题连接在一起形成的命题。显然，复合命题也是一种判断。日常生活中，我们为了表达得更加简洁，或者强调两个命题的关系时，往往都会使用复合命题。例如：这件商品不仅美观而且实用。或者：这件事要么是张三做的，要么是李四做的。

5.1 认识复合命题

复合命题的关键就在于那些连接简单命题的连接词，比如“如果……那么……”“只要……就……”和“并非……”等。逻辑学中，根据连接词，复合命题可以分成四类：联言命题、选言命题、假言命题和负命题。

5.1.1 联言命题

（1）0不仅不是正数，也不是负数。

（2）小明是一个成绩优秀且乐于助人的好学生。

（3）有的动物既可以生活在陆地上，又能适应水下的环境。

上述三个复合命题均为联言命题。它们分别使用了“不仅……

也……”“……且……”“既……又……”的连接词，表示的都是一种并列的关系。逻辑学中，可以把这种形式写做 $p \wedge q$。这一类型表示并列关系的复合命题就是联言命题。

联言命题 $p \wedge q$ 的真假是命题 p 和 q 的真假共同决定的。例如：所有的自然数不仅是整数，也是正数。这就是一个联言命题。我们都知道自然数包括 0，因此命题 q“所有的自然数是正数”是假的，从而可以得到整个联言命题 $p \wedge q$ 也是假的。

联言命题真值表如表 5-1 所示。

表 5-1 联言命题真值表

p	q	$p \wedge q$	例子
真	真	真	2 既是整数，也是正数
真	假	假	2 既是整数，也是负数
假	真	假	2 既是小数，也是正数
假	假	假	2 既是小数，也是负数

5.1.2 选言命题

（1）这件事要么是张三做的，要么是李四做的。

（2）失败的原因或者是方法不对头，或者是还不够努力。

（3）不是鱼死，就是网破。

上述三个复合命题均为选言命题。它们分别使用了“要么……要么……”“或者……或者……”“不……就……”的连接词，表示的都是一种选择的关系。逻辑学中，可以把这种形式写做 $p \vee q$。这一类型表示选择关系的复合命题就是选言命题。

参考上面对联言命题的真假判断，选言命题的真假关系同样是由命题 p 和 q 共同决定的。如果我们仔细考虑上面三个例子的话，它们的真假关系又会有些差别。比如：（1）和（3）中的 p 和 q 就是只能

“多选一”，即不能同时为真的关系，我们称之为不相容选言命题；而（2）中的 p 和 q 可以同时为真的情况，我们称之为相容选言命题。

对于不相容选言命题 p ∨ q，例如：一个人要么是男的，要么是女的。根据客观事实，这个选言命题 p ∨ q 是真的。因为在这个选言命题中，p 和 q 有且仅有一个是真的：当这个人是男人时，p 是真的，q 是假的；否则 q 是真的，p 是假的。不相容选言命题真值表如表 5-2 所示。

表 5-2　不相容选言命题真值表

p	q	p ∨ q	例子
真	真	假	一个人是男人，也是女人
真	假	真	一个人是男人，不是女人
假	真	真	一个人不是男人，是女人
假	假	假	一个人不是男人，也不是女人

对于相容选言命题 p ∨ q，例如：一个数或者是非正数，或者是非负数。这个联言命题 p ∨ q 中至少有一个简单命题（p 或者 q）为真时，它就为真。相容选言命题真值表如表 5-3 所示。

表 5-3　相容选言命题真值表

p	q	p ∨ q	例子
真	真	真	一个数是非正数，也是非负数（0）
真	假	真	一个数是非正数，不是非负数（−1）
假	真	真	一个数不是非正数，是非负数（1）
假	假	假	一个数不是非正数，也不是非负数（不存在）

对于任意的选言命题，在真假判断过程中都需要把握住：在 p ∨ q 为真的前提下，p 和 q “不能同为假”。例如：

已知：小明或者喜欢踢足球，或者喜欢打篮球。（p ∨ q 为真）

小明不喜欢打篮球。（q 为假）

结论：小明喜欢踢足球。（p 为真）

另外，对于不相容选言命题，还可以把握住：在 p ∨ q 为真的前提下，p 和 q “不能同为真”。例如：

已知：这件事要么是张三做的，要么是李四做的。（不相容 p ∨ q 为真）

这件事是张三做的。（p 为真）

结论：这件事不是李四做的。（q 为假）

Tips：选言命题的相容和不相容并不能依靠连接词的形式来判断，而应该根据 p 和 q 是否能够为真来判断。例如：这个人或者还活着，或者已经死了。显然，这是不相容的。

5.1.3 假言命题

（1）如果一个人不努力学习，就很难跟上时代的步伐。

（2）只有我们团结一致，才能打败强大的敌人。

（3）一个三角形满足勾股定律当且仅当它是直角三角形。

上述三个复合命题均为假言命题，它们分别使用了“如果……就……”“只有……才能……”和“……当且仅当……”的连接词，表示的都是一种条件的关系。如果我们仔细观察，可以发现上述三个假言命题之间的区别。

（1）表示的“如果 p，就 q”的形式，其中 p 是 q 的充分条件。也就是只可以由 p 推导得到 q，不能由 q 推导得到 p。由“一个人不努力学习”可以得到“这个人很难跟上时代步伐”的结论，反之却未必成立。这种形式的就叫做充分条件假言命题，记为 p → q。常见的连接词还有“只要……就……”“一旦……就……”和“若……要……”等。

（2）表示的“只有 p，才能 q”的形式，其中 p 是 q 的必要条件。也就是只可以由 q 推导得到 p，不能由 p 推导得到 q。由“我们打败了强大的敌人”可以得到“我们是团结一致的”的结论，反之却未必成立。这种形式的就叫做必要条件假言命题，记为 p ← q。常见的连接词还有“没有……没有……”“除非……不……”和“不……不……”等。

（3）表示的是“ p 当且仅当 q”的形式，其中 p 是 q 的充分必要条件。也就是既可以由 p 推导得到 q，也能由 q 推导得到 p。由“一个三角形是直角三角形”可以得到“它满足勾股定律”，也可以由“一个三角形满足勾股定律”得到“它是直角三角形”。这种形式的就叫做充分必要条件假言命题，记为 p↔q。常见的连接词还有“只要……就……并且只有……才……”等。

对于充分条件假言命题的真假判断，我们需要把握住“只能由 p（前面）推导出 q（后面）”的特点，也就是 p 为真时，q 一定为真；如果 q 为假的话，那么这个假言命题就不是真的。例如：如果 2 是偶数，那么它不是整数。这个假言命题中，p 为真，q 为假，显然，可以根据常识判断出这个假言命题是错误的。充分条件假言命题真值表如表 5-4 所示。

表 5-4　充分条件假言命题真值表

p	q	p → q
真	真	真
真	假	假
假	真	真
假	假	真

对于必要条件假言命题的真假判断或者它的推理过程，我们需要把握住“只能由 q（后面）推导出 p（前面）”的特点，也就是 q 为真

时，p 一定为真；如果 p 为假，那么这个假言命题就不是真的。例如：只有 2 不是整数，2 才能是偶数。这个假言命题中，p 为假，q 为真。根据数学常识，这个假言命题是错的。必要条件假言命题真值表如表 5-5 所示。

表 5-5 必要条件假言命题真值表

p	q	p ← q
真	真	真
真	假	真
假	真	假
假	假	真

对于充分必要条件假言命题的真假判断，我们需要把握住“p 和 q（前和后）不能相互矛盾”的特点，也就是 p、q 要么同为真，要么同为假，否则这个假言命题就不是真的。例如：4 是偶数当且仅当它不能被 2 整除，p 是真的，q 是假的，根据常识，整个假言命题是假的。又有：4 不是偶数当且仅当它不能被 2 整除。仔细思考，虽然 p 和 q 都是假的，但是这个假言命题在逻辑上是说得过去的，即它是真的。充分必要假言命题真值表如表 5-6 所示。

表 5-6 充分必要假言命题真值表

p	q	p↔q
真	真	真
真	假	假
假	真	假
假	假	真

Tips： 辨别充分条件和必要条件的关键是认清楚哪个是前提，哪个是结论。例如，如果由 p 能推出 q，则有 p 是 q 的充分条件，q 是 p 的必要条件。

5.1.4　负命题

负命题经常用于表示否定。例如："并非所有人都是好人"就是一个负命题。乍一看这个命题只包含了一个简单命题，为什么它是复合命题呢？

这是因为负命题不仅包含了一个原来的简单命题"所有人都是好人"，还包含了一个对原来命题的整体进行否定的判断"并非……"，这也是一个简单命题。负命题是一类比较特殊的复合命题。总结起来，负命题就是对整个原命题进行否定的命题，表示否定的关系。它的形式一般是"并非 p"，记为 ¬p。它的真假判断过程非常简单，和原命题真假相反即可。负命题真值表如表 5-7 所示。

表 5-7　负命题真值表

p	¬p	例子
真	假	并非 2 是偶数
假	真	并非 2 不是偶数

Tips：上述复合命题中，它们的 p 或 q 也可以是一个复合命题。比如：如果一个数既能被 2 整除又能被 3 整除，那么它能被 6 整除。这是一个假言命题，但它当中的 p 是一个联言命题。

5.2　"复合命题"的逻辑训练

5.2.1　谁及格了

关于甲班体育达标测试，三位老师有如下预测：

张老师说："不会所有人都不及格"。

李老师说："有人会不及格"。

王老师说："班长和学习委员都能及格。"

如果三位老师中只有一人的预测正确，则以下哪项一定为真？

A. 班长和学习委员都没及格。

B. 班长和学习委员都及格了。

C. 班长及格，但学习委员没及格。

D. 班长没及格，但学习委员及格了。

【解析】正确答案是A。本题考察了联言命题。

本题中张老师说的其实是"有人会及格"，也就是SIP命题，李老师说的SOP命题，这两者是下反对关系的，也就是"不能同假"，因此这两人当中一定有一个人预测的是正确的。再根据题意，只有一人预测正确，从而可以得到王老师所说的联言命题一定是假的。

如果联言命题为假，那么当中至少有一个分支命题也是假的。也就得到"班长和学习委员当中至少有一个人没能及格"，也就得到了"有人不会及格是真的"；再进一步，李老师说的为真，那么张老师说的一定为假，也就是"有人会及格"为假，从而可以得到"所有人都没及格"。对应的，只有A选项符合。

5.2.2 谁是小偷

一个晚上，一家百货商店被盗，案发后，有关方面经过反复侦察，得知如下事实：

（1）盗窃财物的是甲或乙；

（2）如果甲盗窃财物，则作案时间不在零点之前；

（3）零点的商店灯熄了，而甲此时尚未回家；

（4）若乙的证词正确，则作案时间在零点之前；

（5）只有零点时商店灯未熄，乙的证词才不是正确的。

试推断盗窃者究竟是谁。

【解析】盗窃者应该是乙。本题考察了选言命题等。

首先，分析各命题的类型。(1) 是选言命题，(2) 和 (4) 是充分条件假言命题，(3) 是联言命题，(5) 是必要条件假言命题。根据题意，五个命题均为真，可以发现其中只有联言命题 (3) 可以直接判断出命题 p 和命题 q 的真假。因为，联言命题为真时，命题 p 和 q 一定为真，也就是"零点的商店灯熄了"和"甲在零点尚未回家"是真的。

然后，结合上面推出的结论，分析相关命题的真假。现已知必要条件假言命题 (5) 是真的，其中 p 为假的，由真值表可以得到，命题 q 一定是假的，从而得到"乙的证词是正确的"为真命题。

同样的，现已知充分条件假言命题 (4) 和其中的命题 p 是真的，根据真值表可以得到命题 q，即"作案时间在零点之前"一定是正确的。这时候就得到了 (2) 中的命题 q 是假的，而充分条件假言命题 (2) 是真的，从而可以得到命题 p，即"甲盗窃财物"是假的。

最后，由选言命题 (1) 为真，"甲盗窃财物"为假，很容易就能得到只有乙是盗窃者。

5.2.3　逻辑学大会

第 12 届国际逻辑学、方法论和科学哲学大会在西班牙举行，哈克教授、马斯教授和雷格教授中至少有一人参加了这次大会。已知：

(1) 报名参加大会的人必须提交一篇英文学术论文，经专家审查通过后才会发出邀请函；

(2) 如果哈克教授参加这次大会，那么马斯教授一定参加；

(3) 雷格教授向大会提交了一篇德文的学术论文。

根据以上情况，以下哪项一定为真？

A. 哈克教授参加了这次大会。

B. 马斯教授参加了这次大会。

C. 雷格教授参加了这次大会。

D. 哈克教授和马斯教授都参加了这次大会。

【解析】正确答案是 B。本题考察了充分条件假言命题。

首先，由（3）和（1）可以组成一个三段论的两个前提，从而可以推出雷格教授是没有参加大会的。又根据题意至少有一人参加大会，因此可以得到哈克教授和马斯教授当中一定有一个人参加了这次大会。

由于（2）是一个充分条件假言命题，可以分析它的真值表得到：哈克教授参加大会为真时，马斯教授参加大会也为真。若哈克教授参加大会为假时，那么根据题意，马斯教授必定参加大会。综合可以得到，无论怎样，马斯教授一定参加了这次大会。因而答案选择 B。

5.2.4 谁是译者

已知：

（1）《神鞭》的首先翻译出版用的或者是英语或者是日语，二者必居其一；

（2）《神鞭》的首次翻译出版或者在旧金山或者在东京，二者必居其一；

（3）《神鞭》的译者或者是林浩如或者是胡乃初，二者必居其一。

如果上述断定都是真的，则以下哪项也一定是真的？

Ⅰ.《神鞭》不是林浩如用英语在旧金山首先翻译出版的，因此，《神鞭》是胡乃初用日语在东京首先翻译出版的。

Ⅱ.《神鞭》是林浩如用英语在东京首先翻译出版的，因此，《神鞭》不是胡乃初用日语在东京首先翻译出版的。

Ⅲ.《神鞭》的首次翻译出版是在东京，但不是林浩如用英语翻译出版的，因此一定是胡乃初用日语翻译出版的。

A. 仅Ⅰ。

B. 仅Ⅱ。

C. 仅Ⅲ。

D. 仅Ⅱ和Ⅲ。

E. Ⅰ、Ⅱ和Ⅲ。

【解析】正确答案是 B。本题考察了选言命题。

首先，精简题目信息，可以得到三个不相容选言命题：语言上，要么是英语，要么是日语；地点上，要么是在旧金山，要么是在东京；译者方面，要么是林浩如，要么是胡乃初。

接下来，分析Ⅰ、Ⅱ和Ⅲ这三个推理过程。

对于Ⅰ。“林浩如用英语在旧金山首先翻译出版”不成立，那就意味着“译者是林浩如”“语言是英语”和“地点在旧金山”这三个命题中间至少有一个为假，并不代表着它们一定都是假命题。但是只有它们都是假命题时，才能推出“胡乃初用日语在东京首先翻译出版”。所以，Ⅰ选项不一定为真。

对于Ⅱ。“林浩如用英语在东京首先翻译出版”成立，那么可以得到“译者是林浩如”“语言是英语”和“地点在东京”这三个命题都是真命题，这就意味着一个命题中只要有与这三个命题中任意一个不相符，那么就是不成立的。而在“胡乃初用日语在东京首先翻译出版”中，有“译者是胡乃初”，与前面三个命题中的一个矛盾，因此该命题是不成立的。因此Ⅱ一定为真。

对于Ⅲ。由“不是林浩如用英语翻译出版的”成立可以得到“译者不是林浩如”和“语言不是英语”当中至少有一个成立，这并不意味着两个命题同时成立。但是，只有两个命题同时成立时，才能推出“胡乃初用日语翻译出版的”。因此，Ⅲ不一定为真。

综合可以得到，正确答案应该是选项 B。

5.3 有趣的逻辑故事

5.3.1 残暴的国王

以前，有一位很残暴的国王，他总想着法子将反对他的人处死。有一次，有一位大臣在朝堂上向他进谏，国王心怀不满，便给大臣捏造了罪名，准备将他处死。国王不想让人们觉得自己很残暴，便对大臣说道："看在你过往的功劳上，现在让你回答一个问题，如果答对了，我就赦免你的死罪，如果答错了，将对你执行死刑。"大臣知道国王想置自己于死地，但也不愿放过最后求生的可能，便接受了国王的提议。

国王便问道："你猜我现在心里想什么？"国王此时心里暗喜，他觉得无论大臣说什么，他都可以说大臣说的非他所想，因此，这个反对他的大臣是难逃一死的。谁料到，大臣思索了一番回答道："您想处死我。"国王楞了一下，只好把大臣放了。

从这个故事中，可以看出大臣机智地利用了国王给定的条件：猜中国王想的就不会被处死，未猜中国王想的就会被处死，这是两个充分条件假言命题。大臣回答的是"国王想处死我"，如果国王承认这是自己想的，按照条件，他不能够处死大臣；如果国王不承认大臣的回答，也就承认了自己不想处死大臣，此时国王如果坚持行刑，便不能自圆其说，于是只好作罢。

5.3.2 华盛顿找马

华盛顿是美国第一任总统，在年少时就很聪明，这个故事就发生在他小时候。有一次，华盛顿家里的马被人偷了，他找了好几天，终于找到了自己丢失的马，这匹马正在小偷的农场里。于是，华盛顿便叫来了警察，准备将这匹马拉回，可是小偷却不肯承认，坚决地说道："这匹马就是我的。"此时，旁边的警察也无法辨别这匹马究竟是谁的，只能对两人说："你们谁能拿出证据，这匹马就是谁的？"

华盛顿听了警察的话，马上双手把马的两只眼睛遮住，先问这个小偷："如果这匹马是你的，你肯定知道马的哪只眼睛是瞎的？"小偷心里有点发虚，但是琢磨着：不回答的话也就是向警察承认了马不是自己的，回答的话总有 50% 的机会，因为不是左眼瞎就是右眼瞎嘛。小偷便慢慢地回答道："左眼。"华盛顿放开了遮住左眼的手，请警察仔细看了一下，马的左眼并没有瞎。

小偷这时有点着急了，便马上解释说："警官，我这里的马太多了，我记错了。这匹马的右眼是瞎的，这回错不了。"华盛顿又放下蒙右眼的手，警察一看，马的右眼也没有瞎。小偷这时候还要辩解："我真是太糊涂了……"。警察打断了他的话，说道："现在已经能够证明这匹马不是你的，你必须把马还给华盛顿先生。"华盛顿牵着马便回自家的农场了。

在这个故事中，华盛顿为什么能够设置这个陷阱，并且引小偷掉进其中呢？正是因为华盛顿利用了问题的迷惑性。华盛顿的问题是"马的哪只眼睛是瞎的"，实质上就是在诱导小偷：这匹马要么左眼是瞎的，要么右眼是瞎的，这是一个不相容选言命题。小偷做贼心虚，没有料到这个不相容选言命题本身就是假的，还以此来回答问题，也就掉进了这个陷阱。

5.3.3　河里有多少水

国王听说阿凡提很聪明，便指着一条河对阿凡提问道："阿凡提，人人都说你很聪明，你知道现在这条河里有多少水吗？"

阿凡提回答道："如果那只桶有这条河那样大的话，那就只有一桶水；如果那只桶有这条河的一半大的话，那就有两桶水；如果那只桶有这条河的十分之一大的话，那就有十桶水；如果……”

国王赶紧说道：“不要说了，阿凡提，我知道了。”

在这个小故事中，国王故意用一个根本不可能准确回答的问题来刁难阿凡提。阿凡提的机智就在于他没有按照规矩来准确地说出这条河有多少水，如果这么说的话，那会是一个直言命题。阿凡提的回答是几个充分条件假言命题，先是一个条件，然后才是相应的结论，如果条件成立的话，那么结论一定是成立的。阿凡提这样巧妙的回答国王听了也无法反驳他，只得佩服他的聪明。

5.3.4 歌德让路

著名的德国诗人歌德，有一天在魏玛公园里散步，不料迎面遇见了自己的死对头，而他们两人正在走的这条小道只能通过一个行人。这位死对头是个尖锐的批评家，经常批评歌德的文学作品。死对头趾高气昂地朝着歌德走来，并且高声喊道：“我从来不给傻子让路！”歌德看着面前的批评家，一边停住了脚步让在一旁，一边笑着对他说：“我刚好相反！”批评家听了这话，只能悻悻地走了。

从逻辑的角度来看这则幽默的小故事，批评家说的其实是一个必要条件假言命题：只要是傻子，我从来就不给让路。而批评家不给歌德让路，也就是表明歌德就是傻子。歌德说的“我刚好相反”，其实也可以用一个必要条件假言命题表达：只要是傻子，我从来就给让路。而歌德给批评家让路，并不是说自己乖乖认输了，而是就此说明批评家是个傻子，从而打击了批评家的嚣张气焰，达到了“以其人之道，还治其人之身”的目的。

第6章 复合推理

直言三段论算得上是三个直言命题之间进行的推理。同样的，复合命题之间也可以进行类似的复合推理过程，只是过程比直言三段论要稍复杂些，更加考验一个人的逻辑思维能力。它同样也是演绎推理。

6.1 认识复合推理

本节先介绍命题的等值推理，包括直言命题的等值推理和复合命题的等值推理；再介绍各种形式的复合推理，如假言三段论、负推理、假言联言推理和二难推理等。

6.1.1 直言命题的等值推理

在日常生活中，我们都知道对于同样的一句话，可以有许多不同的说法，而它们都表达着相同的意思。这就是命题的等值推理。等值推理反过来是同样成立的，也就是命题 p 等价于命题 q，那么命题 q 同样也能够推出命题 p。

例如：对于“有些鸟是不会飞的动物”这个直言命题，可以说成：（1）有些鸟不是会飞的动物；（2）有些不会飞的动物是鸟。

从上面的例子中可以看出，原来的命题“有些鸟是不会飞的动物”是一个 SIP 命题，它变形成了 SOP 命题（1）和另一个 SIP 命题（2）。当我们以原来的命题为前提时，就可以得到（1）或者（2）这样的结论，这里面就牵扯到命题的两种变形推理了。

对于（1）这样的形式，将肯定的命题变形成了否定的命题，或者将否定形式变为肯定，就叫做换质推理。比如，由“有的数不是负数”可以得到“有的数是非负数”；由“所有困难都是可以克服的”可以得到“所有困难都不是不可以克服的”；由“所有自然数都不是负数”可以得到“所有自然数都是非负数”等。

对于（2）这样的形式，只是将命题中 S 和 P 交换了位置，这就叫做换位推理。比如，由“有的整数是负数”可以得到“有的负数是整数”；由“所有的鱼都生活在水里”可以得到“有些生活在水里的（动物）是鱼”。

根据上面两种形式的推理，我们可以由“有些在场的人不是成年人”这样的 SOP 命题推理得到什么结论呢？显然，可以得到换质推理的结论“有些在场的人是未成年人”。那么对于换位推理呢？对于“有些成年人不是在场的人”这样的结果显然是不对的。这就是需要注意的地方，SOP 命题是不能进行换位推理的。

但是 SOP 命题可以换质推理后再进行换位推理。由上面的例子，我们可以得到“有些未成年人是在场的人”这样的结论。

Tips：为什么 SOP 不能直接换位推理呢？这是因为犯了“不周延变为周延”的逻辑错误，此前在介绍直言三段论的规则中提过。“有些在场的人不是成年人”中的“在场的人”是不周延的，而直接换位后，“有些成年人不是在场的人”中“在场的人”是周延的。

6.1.2　复合命题的等值推理

对于假言命题（1）“如果你努力学习，那么你一定能跟上时代的步伐”，我们同样可以换一个说法，也就是“如果你跟不上时代的步伐，那么你一定没有努力学习”。现实生活中，这两句话是表示一个意思的假言命题，这就是假言命题的等值推理。也就是形如“如果 p，则 q”的命题等价于另一个假言命题“如果非 q，则非 p”。同理，还可以得到“只有 p，才 q”等价于“只有非 q，才非 p”。值得注意的是，复合命题等值推理得到的命题的真值表一定要和原命题的是一致的，否则就是不等价的了。

更进一步，形式为“只有 p，才 q”的命题等价于命题“如果非 p，则非 q”。例如，“只有团结一致，才能打倒敌人”和“如果不团结一致，就不能打倒敌人”是等价的。还有，对于上面的假言命题（1），我们也可以这么说，“或者你没有努力学习，或者你跟不上时代的步伐”。这里就将“如果 p，则 q”的假言命题等价成了“或者非 p，或者 q”的选言命题了。从真值表来看，“如果 p，则 q”只有当 p 为真，q 为假时，命题才为假，而对于“或者非 p，或者 q”也是如此，因此毫无疑问两者是等价的。

对于更复杂的假言命题，比如“如果刮风和下雨，那么小明就不出门”，一定要注意到命题的等值推理更加复杂。这个命题是“如果 p 且 q，则非 r”的形式，我们可以这样说“如果刮风并且小明出门了，那么一定没有下雨”，也就是“如果 p 且 r，则非 q”的形式。这样的推理过程也叫做反三段论。

6.1.3　假言三段论

前提：如果一个数能被 4 整除，那么它就能被 2 整除；

　　　如果一个数能被 2 整除，那么它就是偶数。

结论：如果一个数能被 4 整除，那么它就是偶数。

上面这个例子就是典型的假言三段论。和直言三段论类似，假言三段论也包括三个命题，其中前两个命题是前提，最后一个命题是结论。不同的是，假言三段论的三个命题均是假言命题，不是简单命题。同样的，为了简便，我们也可以用符号来表示假言三段论的形式：

前提：如果 p，那么 r；

如果 r，那么 q。

结论：如果 p，那么 q。

假言三段论表示的是一种层层递进的推理过程。根据上面的两个前提，我们已经知道能由 p 推出 r，同时也能由 r 推出 q，因此，我们就能由 p 直接推出 q，得到“如果 p，那么 q”的结论。

上面的都是充分条件假言命题，那么对于必要条件假言命题呢？例如：

前提：只有团结一致，才能打败敌人；

只有打败敌人，才能保卫家园。

结论：只有团结一致，才能保卫家园。

这也是层层递进的三段论推理过程。同样可以用符号表示：

前提：只有 p，才 r；

只有 r，才 q；

结论：只有 p，才 q。

6.1.4 负推理

负推理就是负命题的推理过程。我们都知道负命题和原命题的真假关系是矛盾的。对于不同的命题，它的负命题的推理过程也是不同的。

最简单的情况是直言命题 p 的负命题。如果命题 p 是“无商不奸”，那么，¬p 就是“并非无商不奸”。由于 ¬p 和 p 是矛盾关系，p 是 SAP，而和 p 矛盾的命题是 SOP。因此，就可以得到 ¬p 命题等价于“有的商人是不奸诈的”。可以用符号记为，¬SAP=SOP。类似的还有 ¬SEP=SIP 等。

对于复合命题的负命题，可以根据复合命题的真值表来进行判断。复合命题的负命题就等价于真值表完全相反的复合命题。例如：对于联言命题 $p \wedge q$，如“明天既不刮风又不下雨”，它的负命题“并非明天既不刮风又不下雨”就等价于“明天刮风或者下雨”。我们可以发现后面这个选言命题和原来的联言命题之间，真值表是完全相反的。可以用符号记为，$\neg(p \wedge q)=\neg p \vee \neg q$。

对于选言命题，我们可以得到：相容选言命题 $p \vee q$“明天或者刮风或者下雨”，它的负命题“并非明天或者刮风或者下雨”就等价于“明天既不刮风又不下雨”；而不相容选言命题“明天要么刮风要么下雨”，它的负命题“并非明天要么刮风要么下雨”就等价于“明天或者既不刮风又不下雨，或者既刮风又下雨”。

对于假言命题，同样可以得到：充分条件假言命题“明天如果刮风，那么下雨”，它的负命题就等价于“明天刮风并且不下雨”；必要条件假言命题“明天只有刮风，才能下雨”，它的负命题就等价于“明天不刮风并且下雨”；充分必要条件假言命题“明天当且仅当刮风了才会下雨”，它的负命题就等价于“明天刮风了但没下雨，或者，下雨了但没刮风”。

Tips：对于负命题的负命题呢？例如“并非明天下雨”这个负命题，它的负命题就是“明天下雨”。一个命题的负命题表示否定，经过两次否定之后，所表达的意思也就还是最初的那个命题。

6.1.5 假言联言推理

前提：如果三角形有两条边相等，那么它是等腰三角形；

如果三角形有一个直角，那么它是直角三角形；

一个三角形两条边相等并且有一个直角。

结论：这个三角形是等腰直角三角形。

这就是假言联言推理，由两个充分条件假言命题和一个联言命题组成前提，从而推出一个为联言命题的结论。上面这个是肯定形式。它还有如下否定形式：

前提：如果一个数大于0，那么它是正数；

如果一个数小于0，那么它是负数；

一个数既不大于0又不小于0。

结论：这个数既不是正数，又不是负数。

上面两个例子同样可以用逻辑符号简洁地表示出来，这里就交给读者自己来完成了。

6.1.6 二难推理

前提：如果明天是工作日，小明要上班；

如果明天是双休日，小明要上班。

或者明天是工作日，或者明天是双休日。

结论：小明要上班。

上面就是一个最简单的二难推理。可以看出二难推理的前提是由假言命题和选言命题组成的，因此也叫做假言选言推理。除了上述的肯定形式，二难推理还有如下的否定形式：

前提：如果明天是工作日，小明不要上班；

如果明天是双休日，小明不要上班。

或者明天是工作日，或者明天是双休日。

结论：小明不要上班。

上面二难推理各假言命题中的结论都是相同的，其实也可以是不同的，只是推理形式稍显复杂一点。例如：

前提：如果明天是工作日，小明要上班；

如果明天是双休日，小明要逛街。

或者明天是工作日，或者明天是双休日。

结论：小明或者要上班或者要逛街。（肯定形式）

前提：如果明天是工作日，小明不能逛街；

如果明天是双休日，小明不会上班。

或者明天是工作日，或者明天是双休日。

结论：小明或者不能逛街，或者不会上班。

Tips：如果出现三个假言命题作为前提的情况，类似的，我们就叫这种推理形式为三难推理。例如：小明在玩剪刀石头布的游戏中，如果小明出剪刀，他会输；如果小明出石头，他会输；如果小明出布，他会输；因此，无论小明选择哪个，他都会输。

6.2 “复合推理”的逻辑训练

6.2.1 开哪个阀门

一个热力站有 5 个阀门控制对外送蒸汽。使用这些阀门必须遵守以下操作规则：

（1）如果开启 1 号阀，那么必须同时开启 2 号阀并且关闭 5 号阀；

（2）如果开启 2 号阀或者 5 号阀，则要关闭 4 号阀；

（3）不能同时关闭 3 号阀和 4 号阀。

现在要打开1号阀，同时要打开的阀门是哪两个？

A. 2号阀和3号阀。

B. 2号阀和4号阀。

C. 3号阀和5号阀。

D. 4号阀和5号阀。

【解析】正确答案是A。推理过程如下：

根据1号阀打开这个前提，由前提（1）可以直接得到2号阀是打开的。根据2号阀打开这个前提，结合前提（2）便可以得到4号阀是关闭的。最后，根据4号阀关闭和（3）这两个前提便可以得到3号阀是打开的。综合可得：2号阀和3号阀是要与1号阀同时打开的。

6.2.2 西藏旅游

某个团去西藏旅游，除拉萨市之外，还有六个城市或景区可供选择：E市、F市、G湖、H山、I峰和J湖。考虑时间、经费、高原环境和人员身体状况等因素：

（1）G湖和J湖至少要去一处；

（2）如果不去E市或者不去F市，则不能去G湖游览；

（3）如果不去E市，也不能去H山游览；

（4）只有越过I峰，才能到达J湖。

如果由于气候的原因，这个团队不去I峰，以下哪项一定为真？

A. 该团去E市和J湖游览。

B. 该团去E市而不去F市游览。

C. 该团去G湖和H山游览。

D. 该团去F市和G湖游览。

【解析】正确答案是D。本题考察了复合命题的等值推理。

首先，只有（4）中提到过I峰，（4）可以等价为“如果不越过I

峰，则不能到达 J 湖”，再加上另一个前提“这个团队不去 I 峰”，因而可以得到该团队没有去 J 湖，因而可以排除选项 A；接着，由（1）和“该团队没去 J 湖”这两个前提，便可以得到该团队去了 G 湖。

同样的，（2）中也提到了 G 湖，并且等价为“如果去了 G 湖游览，则一定去了 E 市和 F 市”，再加上前提“该团队去了 G 湖”，便可以得到该团队一定去了 E 市和 F 市。因而可以得到 D 为正确选项，B 选项错误。

最后，对于 C 选项，由（3）的等价命题“如果去了 H 山游览，则一定去了 E 市”，再加上前提“该团队去 E 市”，仍然无法推出“该团队去了 H 山”，因此 C 选项也是错误的。

6.2.3　山姆有罪吗

在美国芝加哥，有一家大百货商店被人盗窃了一批财物。芝加哥警察局经过侦查，拘捕了三个重大的嫌疑犯：山姆、汤姆与吉宁士。后来，又经过审问，查明了以下的事实：

（1）罪犯带着赃物是坐汽车逃掉的；

（2）不伙同山姆，吉宁士绝不会作案；

（3）汤姆不会开汽车；

（4）罪犯就是这三个人中的一个或一伙。

请问：在这个案子里，山姆有罪吗？

【**解析**】山姆有罪。推理过程如下：

不妨运用假设的方法。假如山姆无罪，由（2）便可以得到：吉宁士绝不会作案；由（3）汤姆不会开汽车和（1）罪犯带着赃物是坐汽车逃掉的，可以组成三段论的两个前提，得到结论：汤姆不会作案；综合可以得到，没有人作案，与（4）相矛盾。所以假设不成立，也就是山姆是有罪的。

6.2.4 股票或基金

小赵："最近几个月的股票和基金市场很活跃。你有没有成为股民或基民？"

小王："我只能告诉你，股票和基金我至少买了其中之一；如果我不买基金，那么我也不买股票。"

如果小王告诉小赵的都是实话，则以下哪项一定为真？

A. 小王买了基金。

B. 小王买了股票。

C. 小王没买基金。

D. 小王没买股票。

【解析】正确答案是 A。本题考察的是假言命题的推理。

根据题意得到：（1）小王买了股票或者基金；（2）小王如果不买基金，那么也不会买股票。这个时候不妨用假设的方法，假设小王没买基金，根据（1）则有小王一定买了股票。根据（2）则有小王不买股票。两者矛盾，因为原来的假设是错误的，从而得到小王一定买了基金。因此，选项 A 是真的，选项 C 是假的。而对于选项 B 和选项 D，则无法由题中信息推出。

6.2.5 拳击冠军

A、B、C、D、E 和 F 六个人参加一场拳击比赛，赛前有三个人猜谁会成为冠军。

甲：冠军不是 A，就是 B。

乙：冠军是 C 或者 D。

丙：D、E 和 F 绝不可能成为冠军。

赛后发现他们三个人的猜测中只有一个是正确的，那么谁是最后的冠军呢？

A. A 是冠军。

B. B 是冠军。

C. C 是冠军。

D. D 是冠军。

【**解析**】正确答案是 D。本题考察的是复合推理。

题中条件较少，适合采用假设法逐个判断真假。不妨假设甲的猜测是正确的，那么可以得到乙的猜测必定是错误的，而丙的猜测是正确的。这与题中只有一人猜测正确的条件不符，因而甲的猜测是错误的。

接下来，假设乙的猜测是正确的，也就是冠军是 C 或者 D。进一步假设冠军是 C 的话，那么丙的猜测也是正确的，与题中给定的条件不符。因而冠军只能是 D，此时符合题意，也就得到选项 D 是正确答案。

6.2.6　管理数据库

一个数据库中现有 A、B、C、D、E 和 F 六个语句，但目前这个数据库是不协调的，必须删除某些语句才能恢复数据库的协调性。已知：

（1）如果保留语句 A，那么必须保留语句 B 和语句 C；

（2）如果保留语句 E，则必须同时删除语句 D 和语句 C；

（3）只有保留语句 E，才能保留语句 F；

（4）语句 A 是重要的信息，不能删除。

以上各项如果为真，则以下哪项一定为真？

A. 保留语句 E 并且删除语句 C。

B. 同时保留语句 C 和语句 D。

C. 保留语句 E 并且删除语句 D。

D. 同时删除语句 E 和语句 F。

【解析】正确答案是D。本题考察的是假言三段论。

首先，根据（1）和（4）这两个前提可以得到，必须保留语句B和语句C。接下来，（2）等价于：如果保留语句D和语句C，那么必须删除语句E。再加上前面的结论“保留语句C”，便可以得到，必须删除语句E。最后，（3）等价于：如果删除语句E，那么必须删除语句F。再加上前面的结论“必须删除语句E”，从而可以得到，必须删除语句F。综合得到：必须删除语句E和语句F，即选项D是正确的。

6.3 有趣的逻辑故事

6.3.1 天堂还是地狱

一天，国王和阿凡提闲谈，国王问道：“依你看，我死后，灵魂是上天堂还是下地狱呢？”阿凡提便说：“陛下，我早就为您算好了，您的灵魂一定下地狱。”国王气得火冒三丈，骂阿凡提胡说。阿凡提接着解释道：“陛下，您别生气！我之所以这么说，是因为您把上天堂的人杀得太多了，天堂已经住满了，再也容纳不下您啦！”

在这个故事中，阿凡提是利用了一个选言命题的推理形式。因为国王死后要么是去天堂，要么是去地狱，但是国王已经不能去天堂了，所以国王只能去地狱。这个推理过程巧妙地解释了“国王死后去地狱”的结论，也讽刺了国王滥杀好人。

6.3.2 吝啬鬼贺寿

李老爷六十大寿这一天，大摆筵席，左邻右舍都提着贺礼前来给李老爷祝寿。在当地有一个财主，是个一毛不拔的吝啬鬼，听到李老爷摆寿宴的消息，便在心里打起了自己的小算盘：为何不以贺寿的名义前去美美地吃一顿呢？当然，吝啬的财主是不会送什么贺礼的，他灵机一动，于是用红纸包了三个铜钱，还故意在纸上写道："三个铜钱贺喜，嫌少莫收，收则爱财。"便前来李老爷家贺寿了。

李老爷接过这红包，左右犯愁，不知如何是好，因为他面临着一个二难推理：如果我收下这三个铜钱，那么我就是爱财；如果我不收这三个铜钱，那么我就是嫌少；我或是收下这三个铜钱，或是不收这三个铜钱；所以，我不是爱财，就是嫌少。

正当李老爷进退维谷、左右两难之时，十岁的孙子来到他身旁，问清了事情的原委后，笑着说："爷爷，您把纸包给我，我自有办法。"只见孙子接过红纸包，在背面写道："两间茅屋待客，厌穷别来，来则好吃。"座上宾客无不拍案叫绝。吝啬鬼一看傻了眼，无言以对，因为他也面临着一个二难推理：如果你来，那么你就是好吃；如果你不来，那么你就是厌穷；你或是来，或是不来；所以，你不是好吃，就是厌穷。吝啬鬼只能拿着那三枚铜钱灰溜溜地回家去了。

在这个故事中，吝啬的财主想来蹭吃蹭喝，便故意用一个二难推理的形式来让李老爷感到为难。好在十岁的孙子聪明机智，同样地用一个二难推理让财主为难，赶跑了他。

6.3.3　商鞅事魏

商鞅的原名叫公孙鞅，他在年轻时就喜欢法家之术，侍奉魏国的丞相公叔痤做了门客。公叔痤知道他贤能，但还没来得及向魏王推荐，公叔痤就得了重病。魏惠王便亲自去看望公叔痤，并且寻求他的建议："你的病倘有不测，国家将怎么办呢？"公叔痤便回答说："我的门客公孙鞅，虽然年轻，却有奇才，希望大王能把国政全部交给他，由他去治理。"魏惠王听后默默无言。

当魏惠王将要离开时，公叔痤屏退左右随侍人员，说："大王假如不任用公孙鞅，就一定要杀掉他，不要让他走出国境。"魏惠王答应了他的要求就离去了。接着，公叔痤又召来公孙鞅，对他道歉说："刚才大王询问能够出任丞相的人，我推荐了你。看大王的神情不会同意我的建议。我应当先做一个忠于君的臣子后再考虑自己的事情，因而劝大王，假如不任用你，就该杀掉你。大王答应了我的请求。现在，请你赶快离开吧，不快走马上就要被擒。"

公孙鞅听完公叔痤的这番话，便说："大王既然不能听您的话任用我，又怎么能听您的话来杀我呢？"他终究没有离开魏国。魏惠王离开后，对随侍人员说："公叔痤的病很严重，真叫人伤心啊，他想要我把国政全部交给公孙鞅掌管，难道不是糊涂了吗？"

在这个故事中，公孙鞅为什么能准确地推断出魏惠王不会杀他呢？他正是利用了假言三段论得到的这个结论：如果魏惠王没有重用我，所以就说明魏惠王不听你的建议；如果魏惠王不听你的建议，所以就不会杀我。因此，如果魏惠王没有重用我，那么也不会杀我。公孙鞅通过这个假言三段论的推理，推翻了公叔痤"魏惠王没有重用你，就会杀了你"的论断。

6.3.4 说谎岛

在一个"说谎岛"上，住着两种居民：人和吸血鬼。有一年，这里发生了一场大瘟疫，有一半的人和吸血鬼都生了狂病而变得精神错乱了。这样一来，这里的居民就分成了四类人：神志清醒的人、精神错乱的人、神志清醒的吸血鬼和精神错乱的吸血鬼。从外表上是无法将他们区分开的。他们的不同之处在于：凡是神志清醒的人总是说真话的，但是，他们一旦精神错乱了，就只会说假话了。吸血鬼恰好相反，凡是神志清醒的吸血鬼都是说假话的，但是，他们一旦精神错乱，反倒说起真话来。这四类人，讲话都很干脆，他们对任何问题的回答只用两个词："是"或者"不是"。

有一天，有位逻辑学家来到这个岛上，他遇见了一个居民 P。这位逻辑学家很想知道 P 是四类居民中的哪一类。于是，他就向 P 提出一个问题。他根据 P 的回答，立即就推定 P 是人还是吸血鬼。后来，他又提出了一个问题，又推定出 P 是神志清醒的还是精神错乱的。你能知道逻辑学家提的是哪两个问题吗？

上面这个问题的答案就是：逻辑学家的第一个问题是"你神智清醒吗？"第二个问题是"你是人吗？"

根据 P 对第一个问题的回答，这位逻辑学家可以推定 P 是人还是吸血鬼。如果是神志清醒的，人对这个问题的回答必然会说"是"，吸血鬼对这个问题的回答必然说"不是"；如果是精神错乱的，人对这个问题的回答必然会说"是"，吸血鬼对这个问题的回答必然说"不是"。因此，无论是神志清醒还是精神错乱，人的回答必然说"是"，吸血鬼的回答必然说"不是"。这是一个二难推理。因此，逻辑学家能够根据 P 对这个问题的回答推定他是人还是吸血鬼。

根据 P 对第二个问题的回答，这位逻辑学家可以推定 P 是神志清醒的还是精神错乱的。如果是人，神志清醒则必然会对这个问题回答说"是"，精神错乱则必然会对这个问题回答说"不是"；如果是吸血鬼，神志清醒则必然会对这个问题回答说"是"，精神错乱则必然会对这个问题回答说"不是"。因此，无论是人还是吸血鬼，神志清醒的一定会回答说"是"，精神错乱的一定会回答说"不是"。这也是一个二难推理。因此，逻辑学家能够根据 P 对这个问题的回答来推定是他神志清醒的还是精神错乱的。

第7章 关系命题

关系命题也是一种简单命题。和直言命题反映事物性质不同，关系命题是表述事物之间关系的命题。例如：中国和俄罗斯相邻。

7.1 认识关系命题

关系命题在日常生活中应用非常广泛，一些常见的关系命题如下：

（1）表示大小关系的，如“2 大于 1”；

（2）表示意见关系的，如“所有在场的人都同意你的观点”；

（3）表示位置关系的，如“小明站在张三和李四之间”；

（4）表示人际关系的，如“小明和班上有些同学是好朋友”。

7.1.1 关系命题的结构

一个关系命题通常是由三部分组成的，即：关系项、关系和量项。关系项也叫做关系主项。结合上面四个关系命题的例子：

关系项有：（1）中的“2”和“1”，（2）中的“所有在场的人”和“你的观点”，（4）中的“小明”和“班上的同学”，指的是“什么和什么有关系”，也就是关系命题中产生关系的事物，可以是两个事物，也可以是三个事物，如（3）中的“小明”“张三”和“李四”。

关系有：（1）中的“大于”，（2）中的“同意”，（3）中的“站在……和……之间”，指的是“有什么关系”，也就是命题中事物之间的具体关系，如（4）中的“朋友”。

量项，和直言命题当中一样，指命题中表示数量的词。如（2）中的“所有”，（4）中的“有些”。

往往最简单的关系命题中只包含了两个关系主项，如“张三和李四是朋友”。我们可以将具有两个关系主项的关系命题的逻辑形式表达为：aRb，即“a 与 b 具有 R 关系”。其中，a 和 b 分别表示两个关系主项，R 表示关系。

> **Tips**：值得注意的是，有些命题在语言形式上与关系命题非常相似，但不是关系判断。例如：（1）张三和李四是工人；（2）张三和李四是朋友。这两个命题中，只有（2）才是关系命题，而（1）是联言命题。
>
> 通常我们可以通过拆分来加以区别：（1）可以分为“张三是工人”“李四是工人”，这是两个直言命题，因为“工人”可用来表示性质；（2）却不能分为“张三是朋友”“李四是朋友”，因为“朋友”是表示关系的。

7.1.2　关系命题的真假判断

如何判断一个关系命题的真假呢？首先需要弄清楚关系命题具有哪些特性，其实主要是关系命题 aRb 中 R 关系的一些性质。往往在不同的关系命题中，R 关系的性质也是不同的。例如，在关系命题中，人际关系（张三和李四是朋友）和位置关系（张三站在李四前面）肯定是有些差别的。

逻辑学中，关系性质通常可以从对称性和传递性这两个方面来观察。

1. 对称性

对称性就是指关系命题 aRb 和它的对称形式 bRa 之间的真假关系。也就是，如果关系命题 aRb 是真的，bRa 是否为真。总结起来，又可以分为以下三种情况。

（1）对称关系：当 aRb 为真时，bRa 也为真。也可以说，a 和 b 具有 R 关系，反过来也是成立的，这时候就表明关系 R 是对称的。

一些常见的对称关系如："张三和李四是朋友""a 等于 b""中国和俄罗斯是邻国""小明很像他的哥哥"和"我的观点和你的观点是矛盾的"等。总结起来，还有些表示"同学""亲戚""同时"和数学中的"倒数"等的关系都是对称的。

（2）反对称关系：当 aRb 为真时，bRa 为假。也可以说，a 和 b 具有 R 关系，反过来是不成立的，这时候就表明关系 R 是反对称的。

一些常见的反对称关系如："张三是小明的父亲""美国在太平洋的东边""2 大于 1"和"大国不能侵略小国"等。总结起来，还有些表示"小于""落后于"和"包含"等的关系都是反对称的。

（3）非对称关系：当 aRb 为真时，bRa 可能为真，也可能为假。也可以说，a 和 b 具有 R 关系，反过来是不能判断是否成立的。在这种情况下，关系 R 是非对称关系。

一些常见的非对称关系如："小明喜欢小花""我认识你"和"你应该信任他"等。另外，还有些如"讨厌""尊敬"和"排斥"等都是非对称关系。

2. 传递性

关系的传递性，类似于前文中的三段论的形式。要判断传递性，主要依据是当 aRb 为真，并且 bRc 也为真，aRc 是否也是真的。因此，也可以分为以下三种情形。

（1）传递关系：当 aRb 为真，并且 bRc 也为真时，aRc 必为真。也就是说，如果 a 和 b 之间、b 和 c 之间都具有 R 关系，a 和 c 之间也具有 R 关系。在这种情形下，关系 R 就是传递的。

一些常见的传递关系如："a 大于 b，b 大于 c，那么 a 大于 c""小明站在小王前面，小王站在小张前面，那么小明站在小张前面"、"x=y，y=z，那么 x=z"等。另外，如"包含""落后"和"小于"等也是传递关系。

（2）反传递关系：当 aRb 为真，并且 bRc 也为真时，aRc 必为假。也就是说，如果 a 和 b 之间、b 和 c 之间都具有 R 关系，a 和 c 之间一定没有 R 关系。在这种情形下，关系 R 就是反传递的。

一些常见的传递关系如："a 是 b 的父亲，b 是 c 的父亲，那么 a 一定不是 c 的父亲""a 比 b 大 1，b 比 c 大 1，那么 a 比 c 大 1 一定不成立"等。另外，如"母亲""祖父""小于多少"和"晚了多久"等都是反传递的关系。

（3）非传递关系：当 aRb 为真，并且 bRc 也为真时，aRc 可能为真，也可能为假。也就是说，如果 a 和 b 之间、b 和 c 之间都具有 R 关系，不能得到 a 和 c 之间有无 R 关系。在这种情况下，关系 R 是非传递关系。

一些常见的非传递关系如："a 讨厌 b，b 讨厌 c，那么 a 可能讨厌 c，也可能不讨厌 c""a 是 b 的同学，b 是 c 的同学，那么无法得知 a 是否是 c 的同学"等。另外，如"拒绝""认识""信任"和"尊敬"等都是非传递关系。

Tips：在逻辑分析中，如果遇到了关系命题，一定要先弄清楚关系的对称性和传递性。这是判断命题真假、进行推理过程的前提。特别是关系的传递性，类似于前面的三段论，在逻辑推理过程中至关重要。

7.1.3 常用的关系推理

这里介绍一些常用的关系推理，它们利用了关系的对称性和传递性当中能判断真假的某些性质，如对称关系和反对称关系、传递关系和反传递关系。由于非对称关系和非传递关系具有不确定的性质，因此很少用来进行关系推理。常用的关系推理有以下几种。

（1）对称关系推理，例如：

前提：a 等于 b。

结论：b 等于 a。

这是最简单直观的关系推理了。

（2）反对称关系推理，例如：

前提：a 大于 b。

结论：b 不大于 a。

这就是反对称关系的推理过程。类似的还有：

前提：美国在太平洋的东边。

结论：太平洋在美国的西边。

从这个推理过程中可以看出，由于西边和东边是矛盾关系，因此根据“太平洋不在美国的东边”，便可以得到“太平洋在美国的西边”。

（3）传递关系推理，例如：

前提：a 大于 b；

　　　b 大于 c。

结论：a大于c。

（4）反传递关系推理，例如：

前提：a比b大1；

b比c大1。

结论：a不比c大1。

Tips：关系命题中有两个以上的关系项时，推理的过程更加复杂一点，也能够通过推理得到多个结论。这时候往往可以用作图的方式来进行推理，例如：

前提：a站在b和c之间；

b站在c和d之间。

结论：b到a的距离比b到c的距离要近；

b在a和d之间；

a到b的距离比a到d的距离要近。

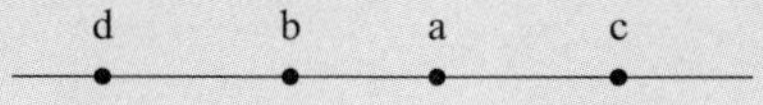

图7-1 a、b、c、d位置图

7.2 "关系命题"的逻辑训练

7.2.1 聪明的麦吉

一次聚会上，麦吉遇到了汤姆、卡尔和乔治三个人，他想知道这三个人的职业，但三人只提供了以下信息：三人中一位是律师、一位是推销员、一位是医生；乔治比医生年龄大，汤姆和推销员不同岁，推销员比卡尔年龄小。根据上述信息，聪明的麦吉可以推出下列哪一项结论？

A. 汤姆是律师，卡尔是推销员，乔治是医生。

B. 汤姆是推销员，卡尔是医生，乔治是律师。

C. 汤姆是医生，卡尔是律师，乔治是推销员。

D. 汤姆是医生，卡尔是推销员，乔治是律师。

【解析】正确答案是 C。本题考察的是关系推理。

本题可以直接用排除法逐个对选项进行判断。根据题中的信息，由“乔治比医生年龄大”可知乔治不是医生，从而可以排除选项 A；同样的，由“汤姆和推销员不同岁”可知汤姆不是推销员，从而排除选项 B；最后，由“推销员比卡尔年龄小”可知卡尔不是推销员，排除了选项 D。因此，只能选择选项 C。

7.2.2 乒乓球比赛

体育馆内正进行一场乒乓球双打比赛，观众议论双方运动员甲、乙、丙和丁的年龄：

（1）“乙比甲的年龄大”；

（2）“甲比他的伙伴的年龄大”；

（3）“丙比他的两个对手的年龄都大”；

（4）“甲与乙的年龄差距比丙与甲的年龄差距更大些”。

根据这些议论，甲、乙、丙和丁的年龄从大到小的顺序是下列哪一项？

A. 甲、丙、乙、丁。

B. 丙、乙、甲、丁。

C. 乙、甲、丁、丙。

D. 乙、丙、甲、丁。

【解析】正确答案是 D。本题考察的是关系推理。

首先，由（1）和（2）可知，乙不是甲的伙伴，因此甲的伙伴只能是丙或者丁。对于这种二选一的情况，很适合采用假设的方法。不妨假设丙是甲的伙伴，那么乙和丁就是他俩的对手。由（3）可知，丙比乙的年龄要大，再结合（2）甲比丙的年龄大，从而得到了甲比乙的年龄大，这与（1）相矛盾，因而假设错误，也就是甲的伙伴是丁，对手是乙和丙。

接着，在确定伙伴关系后，由（1）和（2）可以得到，甲、乙和丁的年龄大小关系为：乙 > 甲 > 丁；由（3）得到：丙 > 甲，丙 > 丁；再结合（4）便可以得到：乙 > 丙。综合得到：乙 > 丙 > 甲 > 丁。

同样的，可以用作图完成这个推理过程，如图 7-2 所示。

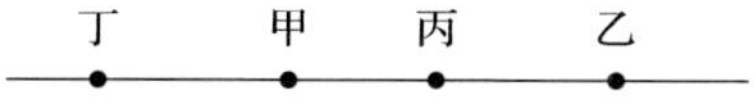

图 7-2　四人年龄大小图

注意，也可以用排除的方法，逐步排除掉其中三个选项。

7.2.3　亲戚关系

有 A、B、C、D 和 E 五个亲戚，其中四人每人讲了一个真实情况：

（1）B 是我父亲的兄弟；

（2）E 是我的岳母；

（3）C 是我女婿的兄弟；

（4）A 是我兄弟的妻子。

上面提到的每个人都是这五个人中的一个。例如，（1）中“我父亲”和“我父亲的兄弟”都是 A、B、C、D 和 E 五人中的一个。那么，由已知信息可以推出下列哪一项？

A. B 和 D 是兄弟关系。

B. A 是 B 的妻子。

C. E 是 C 的岳母。

D. D 是 B 的子女。

【解析】正确答案是 B。本题考察的是关系命题的推理。

根据题中信息可以得知五人的关系包括：夫妻，妻子的母亲（丈夫的岳母），丈夫的兄弟，兄弟一人中的子女。其中夫妻两人，兄弟两人，岳母一人，子女一人，兄弟中有一人的身份是丈夫和女婿，有一人的身份是父亲。

显然，由（2）和（3）可以得到，（3）应该是岳母 E 说的，（2）是女婿说的，并且 C 和说（2）的人是兄弟关系。另外，由（1）可知，B 应该是兄弟当中的一人，因此，B 和 C 必定是兄弟关系。进一步就能得到，B 是 E 的女婿。因此，由（4）便可以得到 A 是 B 的妻子。再由（1）便可以知道 D 应该是 C 的子女。综合可知选项 B 是正确的。

7.2.4 天平称重

有四个外表看起来没有分别的小球，它们的重量可能有所不同。取一个天平，将甲和乙归为一组，丙和丁归为另一组，分别放在天平的两边，天平是基本平衡的。将乙和丁对调一下，甲、丁一边明显要比乙、丙一边重得多。可奇怪的是，我们在天平一边放上甲、丙，而另一边刚放上乙，还没有来得及放上丁时，天平就压向了乙一边。

请你判断，这四个球由重到轻的顺序是什么？

【解析】四个球由重到轻依次为：丁、乙、甲、丙。

首先，可以简化题中给出的已知条件。由“甲、乙一组和丙、丁一组时，天平基本平衡”可以得到：（1）甲 + 乙 = 丙 + 丁；同样的，可以得到：（2）甲 + 丁 > 乙 + 丙；（3）乙 > 甲 + 丙。

然后，因为重量的比较是具有传递性的，所以可以进行关系推理。由（3）可以直接得到：乙 > 甲、乙 > 丙。由“乙 > 丙”和（1）

便可以推出：丁 > 甲；由“乙 > 甲”和（2）便可以推出：丁 > 丙。由于在（1）和（2）中，两边分别都有甲和丙，通过比较可以得到：丁 > 乙。再结合（1）便得到：甲 > 丙。

所以四个球由重到轻依次为：丁、乙、甲、丙。

7.2.5 三人的年龄

小张、小王和小李三人聊天，每人都说三句话，并且都是有两句真话和一句假话。

小张：我今年才 22 岁，我比小王还小两岁，我比小李大一岁；

小王：我不是年龄最小的，我和小李相差三岁，小李 25 岁了；

小李：我比小张小，小张 23 岁，小王比小张大三岁。

请判断出他们三人的年龄各是多少？

【解析】小张 23 岁，小王 25 岁，小李 22 岁。

首先，寻找突破口。仔细分析三个人说的话，可以发现小张说的和小李说的有些是不能同时为真的。具体情形是：

小张说的：（1）小张 22 岁；（2）小张比小王小两岁；（3）小张比小李大一岁。

小李说的：（4）小李比小张小；（5）小张 23 岁；（6）小王比小张大三岁。

其中，（1）和（5）不能同时为真，（2）和（6）不能同时为真，也就是说这四句话中至少有两句假话。而小张和小李说的总共才有两句假话，因此，（3）和（4）必定都是真话。

接着，可以假设（1）和（2）中（1）是真话，那么有（2）和（5）是假话，（6）是真话。也就得到了：小张 22 岁，小李 21 岁，小王 25 岁。这个时候再看小王说的话，可以得到其中“小王和小李差三岁”“小李 25 岁”都是假话，与题目要求矛盾。因而，原来的假设是错误的，故（1）是假话。

由（1）是假话可知（2）和（5）都是真话，（6）是假话，从而得到：小张 23 岁，小王 25 岁，小李 22 岁。再看小王说的，也满足题中二真一假的要求。

7.2.6 谁的表最快

甲、乙、丙和丁约定上午 10 时在公园门口集合。见面后，四个人分别说了一句话。

甲说："我提前了 6 分钟，乙是正点到的。"

乙说："我提前了 4 分钟，丙比我晚到 2 分钟。"

丙说："我提前了 3 分钟，丁提前了 2 分钟。"

丁说："我还以为我迟到了 1 分钟呢，其实我到后 1 分钟才听到收音机报北京时间 10 时整。"

请根据以上谈话分析，这四个人中，谁的表最快，比北京时间快多少分钟，按北京时间他是什么时候到达公园门口的？

【解析】甲的表最快，快了 5 分钟，按北京时间，他在 9:50 到达公园门口。完整的推理过程如下：

首先，观察甲、乙、丙、丁说的，只有丁说的可以直接得出具体比北京时间快了多少分钟，因此，丁说的话就是本题的突破口。需要注意的是，除了丁说的第二句话，每个人说的都是根据他们自己表上显示的时间得出的结论。

根据丁说的：到达时以为迟到了 1 分钟，也就是丁到达时他的表上的时间应该是 10:01；而 1 分钟后丁才听到北京时间 10 点整的报时，因此，他的到达时间实际上是 9:59。两者进行比较，便可以得到：丁实际上是 9:59 到的，他的表比北京时间快了 2 分钟。

接着分析丙说的：虽然丙是从自己表上的时间得到的结论，但是我们仍可以知道丙比丁到达的时间要早，并且早了（3–2=）1 分钟，结合上段的结论，得到，丙是 9:58 到达的，此时他的表上的时间是 9:57，因此，丙的表应该比北京时间快了 1 分钟。

接着分析乙说的：根据丙比乙晚到 2 分钟，可以得到乙实际上是 9:56 到达的公园门口，而乙根据自己的表，以为自己提前了 4 分钟，从而可以得到乙表上的时间是 9:56，乙的表显示的时间刚好是北京时间。

最后分析甲说的：甲认为乙是准时的，因此乙到达时他的表上显示的时间正好是 10:00，而前面得到的乙实际上是 9:56 到达的，因此可得到甲的表快了 4 分钟。再根据甲认为自己提前了 6 分钟，可以得到甲到达时表上的时间是 9:54，因此甲实际到达的时间是 9:50。

7.3　有趣的逻辑故事

7.3.1　兔子汤的汤

有天，一个猎人给阿凡提送来一只美味的野兔。阿凡提为了答谢猎人，便把猎人请进屋，自己把野兔杀了，炖了一锅汤，和自己的妻子办了一大桌好酒好菜招待了这个猎人。过了一个星期，这个猎人又来到了阿凡提家，对阿凡提说："阿凡提，你还记得我吗？我就是上个礼拜给你送了一只野兔的那位。"阿凡提一边叫妻子去弄酒菜，一边对猎人说道："记得记得，上次是您送的兔子，那炖的汤真是美味啊！"阿凡提和他的妻子又一次好好地招待了这个猎人。

一个星期后，阿凡提的家里突然来了好几个猎人，阿凡提觉得他们很面生。他们张口就对阿凡提说："阿凡提，你还记得我们吗？我们就是上次给你送野兔的那个猎人的邻居。"阿凡提只好安排猎人们坐下，好酒好菜招待了他们一番。

又过了一个星期，到了快吃中午饭的时候，又有一群人来敲阿凡提家的门，阿凡提打开门问他们是谁，他们异口同声地说道：“我们就是上次给你送野兔的那个猎人的邻居的邻居。”阿凡提很礼貌地请他们进屋，招待他们坐下。阿凡提从厨房里端来了一盘清水，放到桌子上，客气地对这些人说道：“朋友们，请用餐吧！”这些人有点儿纳闷，其中一个便问道：“阿凡提，这是什么啊？”“这是兔子汤的汤。”阿凡提一本正经地回答。这些人一听这句话，顿时觉得不好意思，纷纷回去了。

在这个故事中，这些猎人的邻居们只不过是打着猎人的名号，想来阿凡提家占点儿便宜。阿凡提怎么可能不知道他们的想法，在好酒好菜招待了一两次后，也就无法一忍再忍了。这些想占便宜的人是利用了自己和猎人的关系，这实质上就是两个关系命题：我们是猎人的邻居，我们是猎人的邻居的邻居。

7.3.2 是鹿还是獐

王安石不仅自己是北宋时期著名的政治家和文学家，他还有一个儿子在当时也很有名气，叫做王元泽。话说王元泽从小就天资聪颖，深得王安石的疼爱。就在王元泽才几岁大的时候，有一天，王安石家里来了一位宾客。这位宾客把一头獐子和一头鹿关在同一个笼子里，放在王安石家的院子中，准备当做礼物献给王安石。

这时候，王元泽也来到了院子里。宾客一看到王元泽也来了，之前就听别人说过王元泽的聪明，便想要考一考他。于是，这位宾客对王元泽问道：“哪个是獐子？哪个是鹿？”獐和鹿这两种动物本来就很像，王元泽也根本不知道它们的区别，过了一会儿，便回答道：“獐子的旁边是鹿，鹿的旁边是獐子。”宾客觉得他的回答实在奇妙，确实是个聪明的孩子。

在这个故事中，王元泽巧妙地利用了一个关系命题，即獐子和鹿是一起的，也就得到了鹿的旁边必定就是獐，獐的旁边必定就是鹿。虽然王元泽不知道獐和鹿的区别，但能以这样的方式回答宾客的问题，不得不让人佩服。

7.3.3 国王的噩梦

有一天，国王做了一个噩梦，梦见自己的牙齿全被人拔光了，吓得从梦中醒了过来。国王听说大臣中最会释梦的就是丞相了，便在第二天把自己做的这个梦说给了丞相，让丞相给他释梦。丞相听完后，思索了一会儿，便对国王说道："陛下，从您的梦来看，您的家眷全部会死去，只剩下您一个人。"国王听到丞相这么一说，勃然大怒，下令处死了丞相。

接着，国王便问身边的仆人："还有谁会释梦？"仆人战战兢兢地说道："阿凡提是全国最有智慧的人，他应该会释梦。"国王赶紧把阿凡提召进宫来，又把自己的梦说给了阿凡提，让阿凡提重新给他释梦。"尊敬的国王陛下，"阿凡提说道："看来您的寿命比您的家眷寿命要长。"国王听了阿凡提的话，高兴得送给他许多礼物。

在这个故事中，阿凡提和丞相说的是两个关系命题。根据反对称关系可知，这两个关系命题虽然看起来是相反的，但是它们所表达的意思是一致的，然而国王听完之后，却处死了丞相，奖赏了阿凡提。这是因为阿凡提的话听起来比丞相的话更能够让人接受。这个故事启发我们，在表达同一个意思时，可以选择用不同的命题来表达，所达到的沟通效果也是不同的。

第8章 归纳推理

前文介绍的推理过程都是演绎推理，归纳推理不同于演绎推理，归纳推理的过程并不具备从一般到特殊的特征。

8.1 认识归纳推理

8.1.1 归纳推理的特点

前提：喜鹊会飞；

黄鹂会飞；

麻雀会飞；

夜莺会飞；

喜鹊、黄鹂、麻雀和夜莺都是鸟。

结论：所有的鸟都会飞。

上面的例子就是一个典型的归纳推理。从个别的特殊的前提出发得到更具普遍性和适用性的结论的推理就是归纳推理。归纳推理的特点，通俗地说就是由许多不同的特殊的个别归纳到一个类别的推理过程。当然，这个类别是包括了前面的所有个别的。这有点类似于概念的产生过程，是一种概括和综合的思维方式。

演绎推理的特点则是由一般性和普适性的前提得到个别性和特殊性的结论。通俗说来，演绎推理就是从一个类别中得到里面的个别的推理过程，是一种分析的思维方式。这是演绎推理和归纳推理的第一点区别。

值得注意的是，我们在推理时，会考虑在正确的前提（前提为真命题）和符合规则的推理形式下，推理得到的结论是否也是正确的，也就是结论是否是真命题。如果一种推理，在前提为真并且推理形式符合规则的情况下，它的结论也必定是真的，这种推理就是必然性推理，其中“必然”意味着“肯定”。例如，直言三段论和直接推理等，演绎推理都是必然性推理。

但是，如果一种推理在前提为真并且推理形式符合规则的情况下，结论可能为真（正确的），也可能为假（错误的），那么这种推理就是或然性推理，其中“或然”就意味着“可能”。值得注意的一点是，一种推理出现结论为假（错误的）的情况并不意味着就要全盘否定这种推理，我们要辨证地看待这个问题。那么，归纳推理是或然性推理还是必然性推理呢？

本章开始的举例是一个典型的归纳推理。根据生活常识可知这个推理的前提都是正确的（真的），但是结论却是错误的（假的）。因为，并不是所有的鸟都会飞，例如，鸵鸟就不会飞。

但是，有的归纳推理的结论又是真的。

前提：小明星期一上班；

　　　小明星期二上班；

　　　小明星期三上班；

　　　小明星期四上班；

　　　小明星期五上班。

结论：小明工作日上班。

这个归纳推理的推理形式显然是正确的，它的结论也是正确的。也就得到，对于归纳推理，在前提为真并且推理形式正确的情况下，得到的结论可能是正确的，也可能是错误的。所以归纳推理是一种或然性推理，这是不同于演绎推理的第二点区别。

那么，为什么会有这种区别呢？这是因为归纳推理和演绎推理还有第三点很大的区别：演绎推理的结论是必定包含在它的前提里面的，按照演绎推理的规则，结论始终不可能超出前提所涵盖的范围，因而在正确的前提下，得到的结论必定正确；然而归纳推理的结论是可以超过所有前提的范围的，它是将各个代表个别的前提统一上升到了代表类别的结论，因此，即使在正确的前提下，如果结论的范围中存在不一样的前提（如：鸵鸟不会飞），那么这个结论也就是错误的了。

当然，归纳推理和演绎推理虽然有很大的区别，但它们之间也有紧密的联系。

一方面，当我们按照演绎推理的规则进行推理时，其中那些具有一般性的前提正是我们推理得到具有特殊性的结论的关键。那么，这些一般性的前提是从何而来的呢？这就需要通过归纳推理从许许多多具有特殊性的个别中概括出来。因此，演绎推理的前提是离不开归纳推理的。

另一方面，在归纳推理的过程中也伴随着演绎推理。例如，本章开始的举例中，“喜鹊、黄鹂、麻雀和夜莺都是鸟”也可以成为一个个演绎推理的前提，它同时也是这个归纳推理的一个前提；又如，在上文的一个归纳推理中，其实也隐含了“星期一、星期二、星期三、星期四和星期五都是工作日”的前提，这同样也可以构成演绎推理的前提。因此，归纳推理是伴随着演绎推理的。

归纳推理根据前提和结论所示范围的关系，可以分为完全归纳推理和不完全归纳推理。

8.1.2　完全归纳推理

前提：中国是大国；

美国是大国；

俄罗斯是大国；

英国是大国；

法国是大国。

中国、美国、俄罗斯、英国和法国都是大国；

结论：联合国的常任理事国都是大国。

这就是一个完全归纳推理的过程。顾名思义，完全归纳推理就是各个前提已经完全涵盖了结论的范围，它们是结论所指的全部对象，前提中不能有遗漏。例如，上面这个完全归纳推理中，中国、美国、俄罗斯、英国和法国已经完全涵盖了联合国的五个常任理事国，常任理事国再也不包含任何其他国家。完全归纳推理的逻辑形式如下：

前提：S_1 是 P；

S_2 是 P；

S_3 是 P；

…

S_n 是 P；

S_1，S_2，S_3，…，S_n 是 S 的全部对象。

结论：所有 S 是 P。

> **Tips**：完全归纳推理非常简单，由于各个前提已经完全涵盖了结论，因此它是必然性推理。但是，它也是有很严重的缺陷的，因为它只适用于范围有限并且包含对象数目较小的情况。如果包含对象数目极大或者范围无限的话，用完全归纳推理就显得不太

可能了。例如，我们不能对地球上的 70 多亿人口逐个进行调查来得到完全归纳的前提，这是不现实的。

8.1.3 不完全归纳推理

不完全归纳推理就意味着各个前提只涵盖了结论的部分范围，并不是全部。不完全归纳推理又可以分为简单枚举法和科学归纳法。

1. 简单枚举法

前提：中国是大国；

美国是大国；

俄罗斯是大国；

英国是大国；

法国是大国。

结论：世界上所有国家都是大国。

上面这个归纳推理过程是一个简单枚举归纳推理。当然，它有一个隐藏的前提，中国、美国、俄罗斯、英国和法国都是世界上的国家。简单枚举法的关键在于不能在前提中出现反例，它本质上就是一个不断举例，只要没有遇到反例，便能得到结论的推理过程。但是，事实上我们也不能确定后面会不会遇到反例，因此简单枚举法是或然性推理。

在现实生活中，很多情况下采用简单枚举法比较机械，往往会造成“以偏概全”“盲人摸象”一类的错误。例如：如果小明从一个不透明的箱子中，第一次摸出一个黑球，第二次也摸出一个黑球，第三、四次还是分别摸出了黑球，这时候小明便可以用简单枚举法得到结论：箱子中装的都是黑球。但是，如果小明在第五次摸出了一个红球，那么此时显然就不能得出箱子中装的都是黑球的结论了，不过仍然可以用简单枚举法得到箱子中装的都是球的结论。那么，如果箱子中还装有其他东西的话，这个结论一定正确吗？

简单枚举法的逻辑形式如下：

前提：S_1 是 P；

S_2 是 P；

S_3 是 P；

…

S_n 是 P；

$S_1, S_2, S_3, \cdots, S_n$ 是 S 的部分对象。（目前遇到的 S 都是 P，没遇到反例）

结论：所有 S 是 P。

2. 科学归纳法

前提：铜加热之后，体积增大；

铝加热之后，体积增大；

铁加热之后，体积增大；

铜、铝和铁都是金属；

因为它们受热后，分子之间的凝聚力减弱，相应的分子之间距离就会增加，从而导致体积膨胀。

结论：金属加热后，体积都增大。

上面这个推理就是科学归纳推理，即科学归纳法。从推理过程可以看出，科学归纳推理不只是没有遇到反例，而且还比简单枚举推理多了一个表示“因果关系”的前提。“因果关系”意味着事物之间存在某种必然的联系，它往往是一些科学依据和客观事实。这就表明了它的前提比简单枚举推理要更加充分和深入，因而最后得到的结论要更加可靠。例如，“麻雀虽小，五脏俱全”“天下乌鸦一般黑”“瑞雪兆丰年”等都是科学归纳的结果。

科学归纳法的逻辑形式如下：

前提：S_1 是 P；

S_2 是 P；

S_3 是 P；

…

S_n 是 P；

S_1，S_2，S_3，…，S_n 是 S 类的部分对象，且 S 与 P 之间有因果联系。

结论：所有 S 都是 P。

Tips：科学归纳法中涉及逻辑学中一个重要的知识点“因果关系”，在后面的章节将会详细讲解。科学归纳法常常应用于科学研究领域中，它作为一种不完全归纳推理，比简单枚举法更可靠，在一定程度上解决了包含对象数目极大或者范围无限时的归纳推理问题。例如，研究一种动物的生理结构或者生活习性。

8.2 “归纳推理”的逻辑训练

8.2.1 物种入侵

一项研究报告表明，我国与种植、养殖有关的单位几乎都有从国外引进物种的项目。不过，我国华东等地作为饲料引进的空心莲子草，沿海省区为护滩引进的大米草等，很快蔓延疯长，侵入草场、林区和荒地，形成单种优势群落，导致原有植物群落的衰退。新疆引进的意大利黑蜂迅速扩散到野外，使原有的优良蜂种伊犁黑蜂几乎灭绝。以下哪项可以最合乎逻辑地完成上面的论述？

A. 引进国外物种可能会对我国的生物多样性造成巨大危害。

B. 应该设法控制空心莲子草、大米草等植物的蔓延。

C. 从国外引进物种是为了提高经济效益。

D. 我国 34 个省级行政区都有外来物种。

【**解析**】正确答案是 A。本题考察了简单枚举法。

首先，解剖题中信息。题干中列举出了：华东引进空心莲子，沿海引进大米草，导致原有植物群落衰退；新疆引进意大利黑蜂，造成原有动物种群灭绝。这些特殊的个体性事件可以看做是简单枚举法的一个个前提，从而可以得出：引进国外物种对我国的生物多样性造成了危害。而简单枚举法是一种或然性推理，因此改用“可能”的表述最为贴切，从而得到 A 项是最合乎逻辑的论述。

然后，再看其他三个选项，选项 B 有点脱离题目的主题，因为题干中还提到了动物，显然是不恰当的。选项 C 只有引进空闲莲子草可以与之对应，其他都未提到，因此也不恰当。选项 D，仅根据题干中的信息并不能确定各省份都有外来物种，也可排除。

8.2.2　民间艺术

许多上了年纪的老北京人都对他们小时候在庙会上看到的各种绝活儿念念不忘。如今，这些绝活儿有了更为正式的称呼——民间艺术。然而，随着社会现代化进程加快，中国民间艺术面临了前所未有的生存危机。城市环境不断变化，人们的兴趣爱好快速分流和转移，加上民间艺术人才逐渐流失，这一切都使民间艺术发展面临困境。从这段文字可以推出以下哪一项?

A. 市场化是民间艺术的出路。

B. 民间艺术需要抢救性保护。

C. 城市建设应突出文化特色。

D. 应提高民间艺术人才的社会地位。

【解析】正确答案是 B。本题考察的是简单枚举法。

首先，解剖题干信息。题干中说到了民间艺术遇到的困境：城市环境不断变化，人们的兴趣爱好转移，民间艺术人才流失等，这些都可以构成民间艺术需要抢救性保护的前提。因此，它们可以形成简单枚举法的推理过程。故正确答案应该是选项 B。

接着，看其他选项。对于选项 A，题中并未提及市场化，可以直接排除。对于选项 C，题中也未提及城市建设，可排除。对于选项 D，这只能是一种保护民间艺术的措施，可以囊括在选项 B 之中，并不全面，因此是不恰当的。

8.2.3 冬季忧郁症

光线的照射有助于缓解冬季忧郁症。研究人员曾对九名患者进行研究，他们均因冬季白天变短而患上了冬季忧郁症。研究人员让患者在清晨和傍晚各接受三小时伴有花香的强光照射：一周之内七名患者完全摆脱了抑郁，另外两人也有了显著的好转。由于光照会诱使身体误以为夏季已经来临，这样便治好了冬季忧郁症。

以下哪项如果为真，最能削弱上述论证的结论？

A. 研究人员在强光照射时有意使用花香伴随，对于改善患上冬季忧郁症的患者的适应症有不小的作用。

B. 该实验均在北半球的温带气候中进行，无法区分南北半球的实验差异，但也无法预先排除。

C. 强光照射对于皮肤的损害已经通过专门研究得到了证实，其中夏季比冬季的危害性更大。

D. 每天 6 个小时的非工作状态，改变了患者原来的生活环境，改善了他们的心态，这是对抑郁患者的一种主要的影响。

【解析】正确答案是 D。本题考察了简单枚举法。

首先，解剖题干信息。从题干来看，主要讲述了研究人员通过清晨和傍晚各三个小时的强光照射实验，让七名冬季忧郁症患者康复，让另外两名患者病情好转，从而得到了强光照射可以治好冬季忧郁症的结论。这是一个简单枚举推理的过程，前提就是参加实验的九个人的病情治愈或者好转。

然后，分析选项。题中要求要削弱上述结论，就必须尽可能地证明光照和冬季忧郁症的好转之间没有必然联系。选项 A、B、C 完全与上面的结论没有关系，因此可以排除。最后，再看选项 D，如果选项 D 对题干的这种解释成立，也就是说，如果事实上使患者痊愈或者好转的原因，是每天六小时的非工作状态改善了他们的心态（这种心态是导致忧郁症的主因），那么就可以得出结论，光线照射的增加和冬季忧郁症缓解这两者之间的联系只是一种表面的非实质性的联系，这就有力地削弱了题干的结论。

8.2.4　平均年龄

据对一批企业的调查显示，这些企业总经理的平均年龄是 57 岁，而在 20 年前，同样的这些企业的总经理的平均年龄大约是 49 岁。这说明，目前企业中总经理的年龄呈老龄化趋势。以下哪项，对题干的论证提出的质疑最为有力？

A. 题干中没有说明，20 年前这些企业关于总经理的人选是否有年龄限制。

B. 题干中没有说明，这些总经理任职的平均年数。

C. 题干中的信息，仅仅基于有 20 年以上历史的企业。

D. 20 年前这些企业的总经理的平均年龄，仅是个近似数字。

【解析】正确答案是 C。本题考察了不完全归纳推理。

首先，解剖题干信息。从题干来看，讲述了一批企业 20 年前的总经理的平均年龄比现在的总经理的平均年龄要小，从这个现象出发得到了目前企业中总经理的平均年龄呈现老龄化趋势的结论。这种统计归纳的方法也是不完全归纳推理，被调查的这批企业就是这个推理的前提。

然后，再分析各个选项。题中要求尽可能地削弱上面的结论，就必须尽可能地证明两者没有必然的联系，也就是这批受调查的企业不能代表目前的所有企业。再看各个选项，选项 A、B、D 都不能把受调查的企业与目前企业区别开来，只是在内部寻找质疑点。

对于选项 C，直接指出题干中推理的前提只是那些受调查的企业，而这些企业都至少有了 20 年的历史，而结论中显然包括没有 20 年历史的新兴企业。这就有力地将前提中的“受调查企业”和结论中的“目前企业”区分开来，即前者不能代表后者。因为，如果上述这样的老企业在目前的企业中占的比例不大，则题干结论的可信度就会大为降低。因此，选项 C 才能构成对原来结论的最大质疑。

8.3 有趣的逻辑故事

8.3.1 樵夫止痛

有一个樵夫患了头痛病，问了许多人都没找到解决的好方法。就在有一天，他忍着头痛上山砍柴，一时不小心，失脚从高处摔了下来，并且把脚趾都摔破流血了。就在脚趾继续出血的时候，樵夫突然觉得他的头好像不痛了。樵夫这时候只是觉得有点奇怪，并没有放在心上。后来有一次，在这个樵夫头痛发作的时候，他又偶然地碰到了脚趾上原来摔破的地方，他又突然觉得头不痛了，好像头痛病好了一样。樵夫又想起了那次上山砍柴的经历，这引起了他的注意。从此以后，只要头痛复发了，樵夫便有意地刺破脚趾上原来摔破的地方，结果发现每次都能得到止痛的效果。

在针灸学中，这个樵夫所碰的地方称作“大敦穴”。樵夫并不懂得任何医学知识，他为什么能够自己治疗自己的头痛呢？这正是不完全归纳推理中简单枚举法的作用。樵夫从第一次和第二次成功的经验出发，虽然他并不懂得其中的科学依据，但是得出了碰脚趾的那个地方能够治疗头痛的结论，后来的一次次尝试也证明了这种治疗头痛的方法是非常可靠的。

8.3.2　仆人买芒果

很久以前，有一位富翁想吃芒果，于是吩咐他的仆人去果园买芒果。富翁很挑剔，在仆人出发的时候再三嘱咐他：“一定要买甜的，好吃的，别的不要买”。这位仆人记住了富翁的叮嘱，便赶紧出发了。

这位仆人来到了一个大果园中，告诉园主说：“我要买你这里甜的芒果，其他的不要。”园主满心欢喜地说：“芒果树上的芒果都已经熟透了，个个都是香甜可口的，你随便尝一个试试。”仆人始终记着富翁的叮嘱，心想：“我要买的芒果都要是甜的，尝一个怎能知道所有的都是甜的呢？我要个个都尝一口，哪个是甜的，就买哪个，不甜的，就不买。这样才是最可靠的。”于是仆人从树上摘了几个芒果，便一个个地都尝一口，过了大半天后，仆人才提着一袋都被尝过的甜芒果回去了。

回来后，富翁打开袋子一看，发现芒果都是被咬过的，觉得非常恶心，便将它们全部都扔了，并且狠狠惩罚了这个仆人。

在这个故事中，仆人觉得自己在严格地执行富翁交待的事情，殊不知好好的芒果被咬过一口，别人还敢吃吗？显然，仆人使用的是完全归纳推理的方法，只有在尝遍所有芒果后，才能知道哪个是甜的，哪个不甜。那么，仆人有没有更好的方法来达到挑甜芒果的目的呢？其实通过不完全归纳法，也可以得到相应的结论。仆人应该在一棵树上摘几个芒果尝一下，如果都是甜的，那么这棵树上的其他芒果也是甜的，这样就能买到满意的芒果了。

8.3.3 哥德巴赫猜想

两百多年前，德国有一位伟大的数学家叫做哥德巴赫，他平时非常喜欢研究数字的规律。有一次，哥德巴赫在研究偶数的规律时，一个很有趣的现象引起了他的注意。他发现：6=3+3，8=3+5，10=5+5，12=5+7，…，100=3+97 等等，于是他大胆地推断：每一个不小于 6 的偶数，都可以写成两个质数的和。他想了许久，也没有找到办法，能从理论出发直接证明这个推断。

后来，哥德巴赫又用更多更大的偶数进行了验证，发现它们都可以写成两个质数的和，这些都说明他的推断是正确的。可是哥德巴赫还是没有找到办法，从理论出发证明这个推断是必然正确的。偶数是有无穷多个的，总不可能把每个偶数都验证一遍吧？哥德巴赫一直在研究这个问题，直到去世也没有得出理论上的证明。人们为了纪念他，并且这个推断还未从理论上得到证明，便把这个推断叫做“哥德巴赫猜想”。

在上面这个逻辑故事中，哥德巴赫在提出这个猜想的过程中，使用了不完全归纳推理中的简单枚举法：哥德巴赫根据有限个的 6 以上的偶数能够分解成两个质数之和，便推断出全部的偶数都符合这个规律，并且，哥德巴赫不能够证明它们之间的必然联系。

第9章 类比推理

归纳推理是或然性推理，那么类比推理呢？人们所说的“举一反三”“触类旁通”一定是正确的吗？

9.1 认识类比推理

9.1.1 类比推理的特点

前提：地球是行星，围绕太阳运行，绕轴自转；

火星是行星，围绕太阳运行，绕轴自转；

地球有大气层，一年有四季变更，温度适合生物的生存；

火星有大气层，一年也可以分为四季，大部分时间地表温度适合地球上已知生物的生存；

地球有生命存在。

结论：火星可能也有生命存在。

上述的推理过程，是人们猜测火星上面有生命存在的主要依据。在这个推理中，人们将地球和火星进行了比较，发现了两者有许多的相同点（行星、围绕太阳、绕轴自转、有大气层）和相似点（类似的四季交替、温度较适宜生物生存），但是“地球上面有生命存在”是已经证实了的，“火星上是否有生命存在”还是未知的，因此可以得到“火星上可能也有生命存在”的结论。

上面就是典型的类比推理的思维过程，对同一层次的两个事物，从事物的相同点出发，得到它们在另一些属性上也是相同的。显然这个推理得到的结论是需要进一步的科学验证的。类比推理和归纳推理一样，也是一种或然性推理。现实生活中，我们经常会使用类比推理，如“触类旁通”和“举一反三”等，它们得到的结论都不一定是正确的。

总结起来，类比推理的推理过程就是：根据几个（类）事物具有一些相同或者相似的属性，推出它们在其他属性上也是相同或者相似的。从结论来看，是一种或然性推理，这是和演绎推理不同的；从过程来看，类比推理的前提和结论是属于同一个层次的，也就是由个别到个别或者由一般到一般的推理，这是和演绎推理与归纳推理都不同的。

我们同样可以将类比推理表示为简单的逻辑形式：

前提：A 具有属性 a、b、c、d；

B 具有属性 a、b、c。

结论：B 具有属性 d。

其中，A 和 B 表示进行比较的两个（或两类）对象，a、b、c 表示 A 与 B 之间相同或相似的属性，d 表示类推得到的属性。

类比推理有没有科学依据呢？我们都知道，世界上的事物并不是孤立存在的，都是相互联系、相互制约的。如果我们发现两个不同的事物，它们之间有一系列的共同点或者相似点时，这就意味着它们之间是紧密联系的。因此，这时候我们就可以类推得到其中一件事物的某种属性肯定也能在另一件事物上得到。这就是类比推理的科学依据。因此，我们可以通过类比推理来得到新的结论

类比推理为什么是或然性的推理呢？虽然类比推理有一定的科学

依据，但是，对于不同的事物，它们之间的共性和差异都是存在的，我们既能找到它们之间的共性，也能发现它们的差异。如果我们所类推得到的属性恰好是它们的共性，那么推理得到的结论就是正确的；如果遇到类推属性是它们之间的差异，那么结论就是错误的。因此，类比推理一定是或然性推理。

值得注意的是，前面提到过的都是由两个事物之间具有一些相同的属性推出它们的另一属性也相同，实质上，类比推理也可以是由两者都不具备某些属性，从而推出两者都不具备另一属性。这两种类比推理在本质上是一样的。例如：

前提：猫没有翅膀，猫不会飞；

　　　狗没有翅膀。

结论：狗不会飞。

Tips： 如果前提正确，并且类比推理的形式也是正确的，那么什么时候得到的结论一定也是正确的呢？这时候还得从前提出发，如果类比的事物之间是有一定的联系，特别是它们之间那些相同或者相似的属性和结论中的属性之间有必然联系，那么，这个类比推理的结论一定是正确的，否则就可能不是正确的。例如，上面的类比推理中，没有翅膀是不会飞的原因，两者是必然联系的，因此可以得到这个推理的结论一定是正确的。

9.1.2　类比推理的应用

类比推理是一种创造性思维，有助于人类发现新的知识，探索新的领域。

例如：在 17 世纪末，荷兰著名物理学家惠更斯通过将光和声进行类比，发现两者具有一些相同的属性：直线传播、反射、衍射和折射等，然而声是具有波动性的，可以用波动理论进行解释，因此，惠更斯就提出了著名的以波动理论解释光的传播规律的基本原理，这就是后来著名的惠更斯原理。

近代仿生学的许多发明创造，都是受生物某些结构和功能的启发而得到的。例如，人们仿照鱼的外形和在水中上下沉浮的原理发明了潜水艇，模仿蝙蝠的发声原理发明了声纳系统等，这些都是类比推理得到的结果。

类比推理可以应用在学习和工作中，用以开拓思路，使我们能够更快地掌握未知的知识和方法，达到触类旁通和举一反三。例如，“见贤思齐，见不贤而内自省也”。但是，在使用类比推理时，无论是在科学研究中还是在学习工作中，都是从找共同点或者相似点出发的。由于是或然性推理，所以类比推理的最大作用是启发性的，得到的结论还必须经过演绎推理的论证或者实践的检验。

此外，类比推理在日常生活中也经常用到。在人际交往中，我们从他人的角度来看待问题，这也是类比推理的思想，比如，论语中说的“已所不欲勿施于人”；在反驳别人的推理过程时，也可以用到类比推理，达到“以其人之道，还治其人之身”的效果。

9.1.3 恰当运用类比

虽然类比推理是一种或然性推理，结论不一定正确，但它却是很重要的一种推理方法。我们通常都认为应用“触类旁通”和“举一反三”这样的类比推理是聪明人的做法。这是为什么呢？因为类比推理运用得恰当的话，它是一种极其简单、高效而又可靠的推理方法，能省去中间繁琐的演绎推理的步骤。另外，它的推理过程比归纳推理也要简洁得多。

可是，在使用类比推理的过程中，如何恰当地运用类比推理，使得结论更加可靠，而不像简单枚举法那样盲目和机械呢？

首先，是确保两个事物之间的联系更加紧密，也就是前提中确认的那些共性越多越好，这个时候得到的结论也就越可靠；其次，要确保前提中的共性和结论中的属性有联系，也就是前提中的共性越能够直击要害，而且共性与结论中的性质的联系越多，结论也就越可靠。

值得注意的是，类比推理和简单枚举法一样，是或然性推理，得到的结论一定要进一步去检验，才能作为下一步推理的前提。另外，类比推理的事物之间共性越多越好，也就意味着不能将两个没有本质联系的事物机械地、盲目地进行类比推理，否则得到的结论就缺乏科学依据，往往是荒谬的，也可能闹出像“东施效颦”一样的笑话。

例如：在中世纪的欧洲，基督教神学中曾用类比推理的方式来验证上帝是存在的。这些神学家们认为，宇宙是由许多部分和谐组成的一个系统的整体，而钟表也是由许多零件和谐构成的一个系统的整体。然而，钟表有一个钟表匠是它的创造者，所以，宇宙也有一个创者，那就是上帝。

显然，这个类比推理是荒谬的，毫无科学依据的。我们都知道，钟表和宇宙在本质上是不同的，钟表是人为制作的，而宇宙是自然形成的，所以这两者不适合进行这样的类比推理。

9.2　“类比推理”的逻辑训练

9.2.1　地球和月球

地球和月球相比，有许多共同属性，比如，它们都属太阳系星体，都是球形的，都有自转和公转等。既然地球上有生物存在，那么，月球上也很可能有生物存在。以下哪项如果为真，则最能削弱上述推论的可靠性？

A. 地球和月球大小不同。

B. 月球上同一地点温度变化极大，白天可以上升到128℃，晚上可以降至零下180℃。

C. 月球距地球很远，不可能有生物存在。

D. 地球和月球生成时间不同。

【解析】正确答案是B。本题考察了类比推理结论的可靠性。

题干中将地球和月球进行类比推理，由这两者有很多相同点（都是球形，都有自转和公转等）且“地球上有生物存在”作为类推的前提，得到结论：月球上也很可能有生物存在。题干要求找出最能削弱这个推论的一项。

我们都知道，类比推理的结论要可靠，关键是两个事物之间的本质要有共性。反过来，也可以说，如果我们找到了类比推理中两个事物之间本质上不同的地方，也就能削弱推理得到的结论了。在这道题中，题干是以地球和月球有相同点为论据支持结论的，故寻找它们之间本质的不同点才最能削弱题干。

题中给出的四个选项都表述了地球和月球之间的不同点，但相对来说，其中最优的选项应为B，原因在于对于生物的存在，B选项所表达的温度才是最本质的影响因素。

9.2.2　杀毒软件

计算机反病毒公司把被捕获并已经处理的病毒称为已知病毒，否则是未知病毒。到目前为止，杀毒软件对新病毒的防范滞后于病毒的出现，因为杀毒软件不能预先知道新病毒的情况。有人想研制主动防御新病毒的反病毒工具，这是不可能的，这就如同想要为一种未知的疾病制作特效药一样异想天开。如果以下哪项为真，能够最大程度地削弱上述论证?

A. 真正有创意的、技术上有突破的病毒通常是概念病毒，这类病毒一般破坏性不大。

B. 99% 的新病毒是模仿已知病毒编写的，它们的传播、感染、加载、破坏等行为的特点可以从已知病毒中获悉。

C. 计算机病毒是人编写的，它们远比生物界的病毒简单。

D. 反病毒公司每次宣称发现的新病毒，是人通过一定的方法判断出来的。

【解析】正确答案是 B。本题考察了类比推理的结论。

首先，分析题干信息。题干根据“杀毒软件不能预先知道新病毒的情况”和“这就如同想要为一种未知的疾病制作特效药一样异想天开”进行类比推理，从而得出结论“想研制主动防御新病毒的反病毒工具是不可能的”，而题目要求对这个结论进行削弱。

接着，分析四个选项。要削弱题干类比推理得到的结论，就必须能够根据选项推出与之相反的结论，也就是：想研制主动防御新病毒的反病毒工具是可能的。对于选项 A，病毒破坏性不大并不意味着一定能够研制主动防御新病毒的反病毒工具，两者并没有太多的联系。对于选项 B，根据题干，显然对于已知的病毒是可以研制反病毒工具的，从而可以得到“想研制主动防御新病毒的反病毒工具是可能的”，这也就削弱了题干得出的结论。对于选项 C，陈述了计算机病毒和生物界病毒的一个不同点，试图以此来说明题干中类比推理是不一定成立的，但是削弱的力度不如选项 B。选项 D 和题干结论没有什么联系，是无关的选项。

9.2.3　人工智能

一般人总会这样认为，既然人工智能这门新兴学科是以模拟人的思维为目标，那么，就应该深入地研究人思维的生理机制和心理机制。其实，这种看法很可能误导这门新兴学科。如果，飞机发明的最早灵感是来自于鸟的飞行原理的话，那么，现代飞机从发明、设计、制造到不断改进，没有哪一项是基于对鸟的研究之上的。

上述议论，最可能把人工智能的研究比作以下哪项？

A. 对鸟的飞行原理的研究。

B. 对鸟的飞行的模拟。

C. 飞机的不断改进。

D. 飞机的设计制造。

【解析】正确答案是 D。本题考察了类比推理的前提。

首先，分析题干信息。题干中主要进行了类比推理，根据飞机的发明、设计、制造到不断改进并非基于对鸟的研究，从而得到结论：人工智能的研究不应基于对人思维的生理机制和心理机制的研究。显然，这个类比推理的思路是把人工智能的研究，比作飞机的发明、设计、制造和改进，把对人思维的研究比作了对鸟的研究，再根据飞机的发明、设计、制造和改进不是基于鸟的研究，从而得到了：人工智能的研究也不应基于对人思维的生理机制和心理机制的研究。

接着，分析各个选项。选项 A 和选项 B 显然是错误的，可以直接排除。选项 C 和选项 D 都是题干中拿来和人工智能的研究进行比较的。再根据题干中提到的人工智能是新兴科学，以模拟人的思维为目标，从而可以得到人工智能目前并未真正实现，也就是现在还没到改进阶段，因此选项 C 是不恰当，而选项 D 是与此相符的。

9.2.4 探索病因

医生在探索 AM 的病因时受到了 MP 这种疾病形成原因的启发。因为这两种病都发生在年龄相似的一类人当中，两种病的明显症状是发高烧、淋巴肿大和缺乏食欲。另外，这两种疾病的潜伏期实际上是相同的。所以，这些医学研究者确信导致这两种疾病的病毒是相似的。该结论依赖的预设是下面的哪一项？

A. MP 这种病比 AM 这种病对大众健康的危害更严重。

B. 现代医学对于每一种疾病都将最终发现治疗方法。

C. 拯救人类生命是现代医学技术唯一重要的目标。

D. 具有类似症状的疾病会有类似的病因。

【解析】正确答案是 D。本题考察了类比推理的前提。

首先，分析题干信息。题干中医生运用了类比推理的方法，发现 AM 和 MP 这两种疾病在发病人群、患病症状和潜伏期都是相同的，从而把 AM 比作 MP，认为导致 AM 的病毒也和 MP 是相似的。

接着，分析各个选项。类比时需要两个事物之间有本质的联系，也就是可比性，从上面的类推过程来看，不能看出发病人群、患病症状和潜伏期等与致病的病毒之间有必然的联系。也就是说，医生要得到上述推理的结论，一定是先预设了它们之间是有必然联系的。因此，只有选项 D 满足这个设定。而选项 A 说明了 MP 和 AM 之间的不同点，应该是削弱了题中的结论。选项 B 和选项 C，则都是题目毫无关系的选项。

9.3　有趣的逻辑故事

9.3.1　邹忌讽齐王纳谏

春秋时期，齐国有个大夫叫做邹忌。邹忌是一个美男子。有一天早上，邹忌在照镜子的时候，问他的妻子："我与城北的徐公，谁长得更英俊呢？"他的妻子回答："徐公怎么能比得上你呢？"然后他又问了自己的妾，妾也说徐公比不上他。这时候，邹忌家里来了客人，邹忌又问了客人，客人也笑着回答说："当然是邹忌兄你了！"

邹忌知道城北的徐公是齐国公认的第一美男，所以不敢相信自己一定长得比徐公好看。在客人离开后，邹忌便去了徐公家里，想瞧瞧徐公的真容。一见到徐公，邹忌便觉得自己在长相上还远远比不上他。邹忌回到家后，便思考着这些事，懂得了许多道理。

第二天，邹忌入朝拜见齐威王，对齐威王说了自己昨天的经历，说道："我确实知道自己的长相不如徐公。可是我的妻子偏爱我，我的妾畏惧我，我的客人有事情想要求助于我，他们都说我的长相比徐公漂亮。现在齐国土地方圆千里，有一百二十座城池，宫中的王后嫔妃和亲信侍从，没有谁不偏爱大王，朝廷中的大臣，没有谁不害怕大王，在国家中的人，没有谁不有求于大王。由此看来，大王受蒙蔽得太厉害了。"

齐威王听完邹忌的这番话，于是发布进谏有赏的命令，鼓励群臣百姓来之指出朝廷的错误。命令下达后，果然取得了很好的效果，朝廷的许多弊端都因而被及时发现，齐国的国势蒸蒸日上，周围的国家都来齐国朝拜。

上述这个故事就是大家所熟知的"邹忌讽齐王纳谏"的典故。在这个故事中，邹忌在对齐王进言时巧妙地结合了自己的亲身经历，采用了类比推理的思想，将自己被身边的妻、妾和宾客蒙蔽，和齐威王身边的王后嫔妃、亲信侍从和百姓进行了类比，从而得出了齐威王被蒙蔽的结论，并进一步谏言齐威王广开言路。正是这种类比推理的方法在说服的时候简单形象，又不令人生厌，最终，邹忌的谏言才能被齐威王理解，并且欣然采纳。

9.3.2 空杯论禅道

南隐是日本明治维新时期著名的禅师。有一天，有位大学教授特地来向南隐问禅，南隐却只是对这位远道而来的教授以茶相待，一直没有向教授开口说禅。只见他将茶水倒入这位教授的杯子，很快，杯子就满了。可是，南隐还是接着往教授的杯子中倒水。

这位教授在旁边眼睁睁地看着自己杯子中的茶水不断地往外溢了出来，弄得满桌子都是。教授觉得禅师没有停止倒水的意思，觉得自己不能再沉默下去了，便对禅师说道："水都已经溢出来了，不要再倒了！"

禅师听到教授这么一说，一边收起了茶壶，一边对教授说道："你就像这只杯子一样，里面装满了你自己的看法和想法。你不先把你自己的杯子空掉，叫我如何对你说禅？"教授听到禅师这么一说，顿时觉得愧疚，毕恭毕敬地坐着，准备听南隐说禅。

在这个故事中，南隐也是使用了类比推理的方法，将一个人听禅和一只茶杯装茶水进行了类比，因为茶杯必须空了才能继续倒水进去，所以人也必须放空自己的思想才能接受新的思想。南隐的这个类比推理过程，形象生动地告诉了教授听禅前要放空自己的思想。

9.3.3　鲁侯养鸟

在《庄子》中，记载了一个鲁侯养鸟的故事：

在春秋时期，有一天一只海鸟飞到了鲁国的王宫里，鲁侯便把这只鸟看成是神鸟，把它养在鲁国的庙堂里，当做神仙一样供奉着。鲁侯按照人的一日三餐，给神鸟供奉着牛羊猪三牲齐备的祭祀酒席，并无时无刻不用美酒供着，还在每天早晚都叫人奏起《九韶》的祭祀乐曲。这只鸟在庙堂里，吓得飞来飞去，惊惶不安，一块肉也不敢吃，一杯酒也不敢喝，三天后就活活饿死了。

在这个故事中，鲁侯将鸟和人进行了类比，以为用最高的规格招待这只神鸟是对的，最后适得其反，造成了鸟被活活饿死的下场，也成了后人的笑柄。从逻辑学的角度分析，鲁侯为什么会得到这样的结果呢？是因为他将鸟和人进行类比时忽略了两者之间的本质差别，从而造成最后的结论是荒谬的。

9.3.4 叩诊方法

以前，奥地利有一位叫布鲁格的外科医生。他的父亲是个卖酒商人，布鲁格在小时候便经常看见他的父亲通过用手敲击酒桶，根据声音判定高大的桶里有多少酒。布鲁格长大后成为了一名外科医生，有一次，布鲁格在一个临床的手术中，需要检查病人胸腔积水的情况，他想来想去，都没有找到合适的办法。后来，他突然想起了小时候，父亲每次要测试密封木桶里的酒量时，都会用几根手指先在木桶上轻轻敲几下，然后凭借着发出的叩击声，判断桶内有多少酒。

布鲁格便琢磨着：人的胸腔和酒桶是相似的，如果我用东西轻轻敲击胸腔，肯定也会有声音，是不是也能凭着这声音诊断出病人胸腔中有多少积水呢？布鲁格马上把自己的这个想法用到了医学实践中，并且通过多次的试验，总结出来了叩击的声音与胸部疾病的关系，并且将这种方法得到的诊断结果和其他诊断结果进行了比较，逐渐形成了一套完整的通过叩击诊断病情的方法，也就是如今“叩诊”的方法。

在这个故事中，布鲁格正是使用了类比的方法，将人的胸腔和装酒的木桶进行了类比，从而得到了结论：人的胸腔的病情也能够通过声音来诊断。这一类比为他开拓了诊断的思路，最后，通过一系列的医学试验探索出了医学上的叩诊方法。

第10章 因果关系

“种瓜得瓜，种豆得豆”“老鼠的儿子会打洞”因果关系在自然界和人类社会中是普遍存在的一种逻辑关系。

10.1 认识因果关系

因果关系在逻辑学中怎么表述？我们如何发现现象之间的因果关系呢？

10.1.1 因果关系的特点

我们都知道，宇宙中的现象都是彼此联系而又彼此制约，并不断地变化着的。例如，运动员平时刻苦训练，才能在赛场上获得荣誉；学生平时认真学习，才能在考试时收获成绩；农民在春天辛勤耕耘，才能在秋天收获庄稼。

像上面这样，如果一个现象的发生引起了另一个现象的发生，我们就称它们之间存在着因果关系。在上面的例子中，对于第一个现象，比如“刻苦训练”“认真学习”等，我们称之为原因，对于第二个现象，比如“获得荣誉”“收获成绩”等，我们就称之为结果，也就是结果是由原因引起的。

在逻辑学中，因果关系有以下几个特点，我们根据这些特点也能判断两个现象之间是否具有因果关系。

第一，因果关系是客观存在的。现实生活中，我们都知道某些现象的因果不是可以由我们的主观意志改变的，原因必定会引起结果，它们之间是必然联系的。比如，我们都知道“以貌取人”是不准确的，因为它们之间未必有必然的联系。

第二，因果关系在时间上有先后性。也就是说，先有原因，后面才能有结果，不能颠倒过来。比如，我们如果想在考试时取得好成绩，就应该在考前好好学习，而不应该抱着因果倒置的幻想：先在考试时取得好成绩，之后再好好学习。

第三，因果关系是辩证复杂的。很多现象的原因和结果都是错综复杂的，有的现象是由多个原因一起作用的结果，有的现象也能作为许多结果的原因。比如，一个人取得成功，固然离不开他的努力，但我们也不能完全无视时代背景、个人机遇等因素。所以，有时候要弄清现象的因果关系并不是一件简单的事。

Tips：需要注意的是，时间上的先后并不能直接判断因果关系，否则就容易闹出笑话。比如，星期一是在星期三的前面，它们之间的这种先后关系也是必然的，但我们不能说“因为有星期一，才有星期三”。

10.1.2 探求因果的方法

在错综复杂的现象中，比如案件侦查、市场调研和科学研究等，都离不开对因果关系的探求。能够找到正确的因果关系，往往是解决上述这些复杂问题的关键。例如，在医学研究中，往往要探求疾病的病因，这时候需要设计大量的医学实验来探求和验证因果关系。

如何探求现象的因果关系呢？逻辑学中，总是能够将现实生活中各种复杂的问题进行抽象化，将前人解决问题的经验抽象化，最后得到一些客观的、本质的逻辑知识。这里，我们将要介绍的探求因果的“穆勒五法”就是这样得来的。它最初是由英国逻辑学家穆勒提出的，分别是：求同法、差异法、共变法、求同求异并用法、共变法和剩余法。

1. 求同法

如果在几个不同的场合都出现了某一个现象，并且在几个场合除了一个条件相同外，其他条件都不同，那么这个相同的条件就是这个现象发生的原因。这就是求同法，也叫作契合法。我们可以从下面的例子来体味求同法。

以前，英国某个农场的火鸡和小鸭吃了发霉的花生，最后患癌症死了。接着，吃了这种花生的羊和猪也患癌症死了。后来，有人做实验，用发霉的花生喂食猫、鼠、鸽子等不同的动物，并且控制环境、时间等各不相同，最后这些动物也都患癌症而死，人们从而得出了发霉花生能致癌的结论。果然，后来的科学研究证明，发霉花生中含有致癌物质黄曲霉素。

这个例子，在探求动物患癌症死亡的原因中，就使用了求同法。实验了不同的动物，设置不同的环境，控制不同的时间，只有发霉的花生是相同的，显然，这就是动物患癌症死亡的原因。

值得注意的是，求同法探求得到的原因也可能是不正确的。比如，爱吸烟的王某定期锻炼身体，体质却未得到改善；爱喝酒的张某也定期锻炼身体，体质也未得到改善；经常熬夜加班的李某也定期锻炼身体，体质也未得到改善。如果采用求同法的话，岂不得到锻炼身体是体质得不到改善的原因，显然，这是荒谬的。我们都知道，在这些情形中，会拖累体质的还有吸烟、喝酒和熬夜这些因素。

因此，上述这种情况是不能使用求同法的。在使用求同法寻求因果时，一定要注意考虑多个不同的场合，并且保证它们的相同点是唯一的，而且其他不同的点是和结果没有关系的，这样才能保证得到的结论是相对可靠的。

2. 求异法

和求同法相对的就是探求不同点。求异法，就是在两个不同的场合中，不同点只有一个，其他条件都相同，却造成了现象的结果不同。那么，这个不同点就是现象的原因。我们可以用下面的一则小故事来理解这个方法。

人类以前经常受到天花的肆虐，却一直没有找到对抗天花的方法。直到 18 世纪，英国医生爱德华·詹纳在一次调查天花病情时发现，在同一个天花发病的地区，挤奶工人的患病率普遍要低。爱德华走访了好几个牧场，询问了许多未患病的挤奶工人，发现他们都曾经患过一种职业病：牛痘。而没得过牛痘的挤奶工人也和普通人一样，患上了天花。因此，爱德华认为牛痘是未患病的挤奶工抵抗天花病毒的原因，继而逐渐找到了安全接种牛痘来抵抗天花的方法，造福了整个人类社会。

为什么医生爱德华认为牛痘能够抵抗天花呢？就是因为爱德华发现了在同一地区，同是挤奶工人，在其他条件都相同的情况下，只有患过牛痘的人才没有得天花，没患过牛痘的人仍然和普通人一样，不能抵抗天花。正是这点差异，即牛痘，就是抵抗天花的原因。总之，在使用求异法时，一定要注意各个场合只能有唯一的不同点。

Tips： 求异法经常运用在科学研究中，往往又被叫做“控制变量法”，即在实验中，一次只允许改变一个条件，分别观察它们的结果，从而判断这个条件是否是影响实验结果的原因。显然，求异法比求同法要可靠得多。但是，在实际生活中，各种场合情况错综复杂，不受人为控制，运用求异法可能很难找到完全只有一个条件不同的两个场合，因此，这种方法又是有一定局限性的。

3. 求同求异并用法

求同求异并用法综合了前面的两种方法。如果在某些场合中，只有一个共同点，其他都不同，这时候都出现了某现象；而在另外一些没有出现该现象的场合中，都不能找到这个共同点，那么，这个共同点就是这种现象的原因。

例如：在现实生活中，可以发现尽管年龄、职业、性别等各方面不同，有些定期锻炼的人都逐渐改善了自己的身体体质，而对于那些没有定期锻炼的人，他们的体质都没有得到改善。这个时候，我们就能得出定期锻炼是体质改善的原因。

从上面的例子可以看出，首先，运用求同法，根据年龄、职业、性别等各不相同的一些人都通过定期锻炼改善了自己的体质，从而可以得到定期锻炼是改善体质的原因；然后，同样运用求同法，根据年龄、职业、性别等各不相同的一些人都没有定期锻炼而且都没能改善自己的体质，从而可以得到没有定期锻炼是没能改善体质的原因；最后，综合前面的两个结论，运用求异法，将上述两组人进行比较，也就得到了定期锻炼和改善体质是因果关系。

仔细地看，求同求异并用法和求同法比起来，只是多了一组都没共同点的场合，但正是如此，它将现象的正反两个方面都考虑到了，因此得到的结论要比求同法可靠得多。需要注意的是，使用这种方法的时候一定要分正反两个方面来考虑，并且要考虑每组场合是否都有或者都没有某一特点。

4. 共变法

共变法指的是，如果一个场合中，某个条件变化，其他的条件都是不变的，得到的现象也是随之变化的，那么这个条件就是这种现象的原因。例如：向日葵的花朵在白天会随着太阳而转动，因此，太阳就是引起向日葵花朵转动的原因。但要注意的是，共变法也不是必然的，比如冬天随着秋天的到来而越来越近，显然，秋天和冬天之间的关系不是因果关系。

和前面的求同法、求异法等进行比较会发现，共变法考虑的不只是现象有或者没有发生，而是它的变化过程。因此，共变法的适应性是更广的。在生物学中，这种方法和前面的求异法都可以称为“控制变量法”，经常应用于各种科学实验中。

值得注意的是，在使用共变法时，一定要注意变量只能有一个，其他情况都是不变的。另外，还需要注意这种共变关系不应该超过限度，比如，睡眠充足会让人觉得精力充沛，但是过度的睡眠反而会让人觉得困乏。因此，在使用共变关系时，一定要注意变化的限度。

5. 剩余法

剩余法找的是局部对局部的原因，也就是：如果已知一个现象是由某个原因所引起的，而这个现象中的一部分是由原因中的一部分引起的，那么它的另一部分也就是由原因中的另一部分引起的。运用这种方法所需要的条件比较复杂，平时我们探求因果关系主要还是使用前面四种方法。

10.2　“因果关系”的逻辑训练

10.2.1　选购冰箱

售货员对顾客说：“压缩机是电冰箱的核心部件，企鹅牌电冰箱采用与北极熊牌电冰箱同样高质量的压缩机，但企鹅牌电冰箱的价格比北极熊牌冰箱的价格要低许多，所以，当你买企鹅牌冰箱而不是北极熊牌冰箱时，你花的钱少却能得到同样的制冷效果。”

下面哪一项如果被证实，就能合理地推出售货员的结论的假设？

A. 北极熊牌冰箱的广告比企鹅牌冰箱的广告多。

B. 售货员卖出一台企鹅牌冰箱所得的收入比卖出一台北极熊牌冰箱得到的收入少。

C. 电冰箱的制冷效果仅仅是由它的压缩机的质量决定的。

D. 企鹅牌冰箱每年的销量比北极熊牌冰箱每年的销量大。

【解析】正确答案是 C。本题考察的是求同法。

首先，分析题干信息。题干中介绍了企鹅牌冰箱和北极熊牌冰箱虽然在价格、品牌等方面是不同的，但是两者都有相同的压缩机，从而得出它们之间具有相同的制冷效果。这里需要使用求同法，通过比较两种冰箱所具有的相同点（核心元件压缩机），而其他方面是不同的，并以此相同点为原因推出其产生的结果（制冷效果）也相同。如果要使这个推理过程成立，显然必须先假设压缩机和制冷效果之间具有唯一的因果关系。

接下来，分析各个选项。对于选项 A、B 和 D，均涉及了与题干结论无关的一些概念，比如“广告”“收入”和“销量”等，因此这些都是无关选项。对于选项 C，正是题干中推理所必需的假设，否则，如果冰箱的制冷效果“不”仅仅由压缩机的质量来决定，那么，售货员的说法就不成立了，因此，选项 C 为正确答案。

10.2.2 测谎的原理

研究人员把受试者分成两组：第一组做半个小时自己的事情，但不从事会导致说谎行为的事；第二组被要求偷溜出去再回来，并且在测试时说谎。之后，研究人员会让受试者戴上特制电极，以记录被询问时的眨眼频率。结果发现，第一组眨眼频率会微微上升，但第二组的眨眼频率先是下降，然后大幅上升至一般频率的10倍。由此可见：通过观察一个人的眨眼频率，可判断他是否在说谎。对以下哪项问题的回答，几乎不会对此项研究的结论构成质疑？

A. 第一组和第二组受试者在心理素质方面有很大差异吗？

B. 第二组受试者是被授意说假话，而不是自己要说假话，由此得出的说假话与眨眼之间的关联可靠吗？

C. 用于第一组和第二组的仪器设备是否有什么异常？

D. 说假话是否会导致心跳加速，血压升高？

【解析】正确答案是D。本题考察了求异法。

首先，分析题干信息。题干中：第一组未说谎，眨眼频率微微上升；第二组被要求说谎，眨眼频率和第一组不同；然后，研究人员通过求异法得到了人说谎和眨眼频率之间有因果关系，即可以通过观察一个人的眨眼频率来判断他是否在说谎。题目的要求是找到几乎无法质疑结论的选项。

接着，分析各个选项。求异法的关键在于主要的不同点只能有一个，其他的都相同或者都是不能影响结果的。在题干中，两个小组之间都是事先被授意的，最后的结论是说谎与眨眼之间有关系，却没有包含被授意这个条件。显然，这里面并未排除掉事先授意是否会对眨眼频率产生影响，这是值得质疑的，因此选项B构成质疑。

再看选项A，提到了两组受试者之间心理素质上的不同，这同样也可能影响实验结果，因此也是能够质疑的。而选项C，设备异常与实验结果之间肯定有联系，也是可以质疑结论的。而选项 D，并未涉及实验中的两个小组，无法对结论构成质疑。

10.2.3　献血调查

世界卫生组织在全球范围内进行了一项有关献血对健康影响的跟踪调查。被调查对象分为三组：第一组中的对象均有两次以上的献血记录，最多达数十次；第二组中的对象均有一次献血记录；第三组对象均无献血记录。调查结果显示：被调查对象中癌症和心脏病的发病率，第一组分别为 0.3% 和 0.5%，第二组分别为 0.7% 和 0.9%，第三组分别为 1.2% 和 2.7%。一专家依此得出结论：献血有利于减少患癌症和心脏病的风险。

如果以下哪项为真，则上述因果关系不成立？

（1）被调查对象的平均年龄各组相邻。

（2）献血者在献血前要经过严格的体检，一般具有较好的体质。

（3）被调查对象的人数在每一组中都不同。

A.（1）

B.（2）

C.（3）

D.（1）和（2）

【解析】正确答案是 B。本题考察了求异法。

首先，分析题干信息。题干中：对于三组献血次数不同的人群，他们当中癌症和心脏病的发病率也是不同的，再根据求异法，从而可以推出：献血次数与患病率不同，这两者之间是有因果关系的，即献血有利于降低患癌症和心脏病的几率。现在题目要求削弱它们之间的因果关系，因此就必须找到这三组人群的其他不同点，只有它们才可能是患病率不同真正的原因。

接下来，分析给出的三个选项。对于（1），各组平均年龄稍有不同，显然这个并不能作为患病率不同的原因；对于（3），由于题中比较的是患病率的不同，因此基数只要不是差别很大，稍有不同是没有影响的，说明不了问题。

再看，对于（2），献血者需要经过体检，也就意味着体质较差的人不能作为献血者，特别是多次献血者，因此可以得到，献血次数不同的背后意味着他们之间健康状况的不同。人群的健康状况才是和患病率之间有因果关系的地方。显然，献血次数多意味着身体健康，因此检测得到的患病率较低。这也就说明了献血和降低患病风险是无关的。

综合上面的分析，只有（2）才能削弱题干结论。

10.2.4 左撇子

相对论的创立者爱因斯坦是左撇子，发明家富兰克林和科学家牛顿是左撇子，达芬奇、米开朗基罗、毕加索和贝多芬也都是左撇子。这表明，创造性研究是左撇子独特的天然禀赋。

以下哪项陈述是上述论证所依赖的假设？

A. 20 世纪初，中国的父母还在煞费苦心地矫正孩子惯用左手的“坏毛病”。

B. 左撇子突出的创新研究能力并不是由教育和环境等后天因素决定的。

C. 自福特以来的美国总统，除少数几位外都是左撇子。

D. 左撇子具有一定的遗传性。例如，英国女王伊丽莎白和她的母亲都是左撇子。

【解析】正确答案是 B。本题考察的是求同法。

首先，分析题干信息。题干中：不同的科学家、发明家和艺术家等都是左撇子，但是他们都非常具有创造性，根据求同法，得到创造性研究和左撇子之间有因果关系，即创造性研究是左撇子独特的天然禀赋。

在用求同法探求因果关系时，关键在于要确保其他情况都不同或者其他相同点都能与结果构成必然联系。显然，在上面的求同法中，忽略了这些人在后天的个人努力和受教育等方面可能具有相同的因素，比如，这些左撇子后天都非常勤奋。因此，必须对这些因素进行排除，分析各个选项，只有选项 B 是符合的。而对于选项 A，与题干并无关系；对于选项 C 和 D，也只是增加了左撇子的例证罢了。

10.2.5　油价上涨

由于石油价格上涨，国家上调了汽油等成品油的销售价格，这导致出租车运营成本增加，司机收入减少。调查显示，北京市 95% 以上的出租车司机反对出租车价上涨，因为涨价将导致乘客减少，但反对涨价并不意味着他们愿意降低收入。

以下哪项如果为真，能够解释北京出租车司机的这种看似矛盾的态度？

A. 出租车司机希望减少向出租车公司缴纳的月租金，由此消除油价上涨的影响。

B. 调查显示，所有的消费者都反对出租车涨价。

C. 北京市公交车的月票价格上调了，但普通车票的价格保持不变。

D. 出租车涨价使得油价上升的成本全部由消费者承担。

【解析】正确答案是 A。本题考察了因果联系。

首先，分析题干信息。在油价上涨的大前提下，出租车司机反对涨价，是因为那样会导致乘客减少，因此他们是反对让乘客承担油价上涨成本的；同时他们又不愿意自己降低收入，也就是不愿意自己承担油价上涨的成本，这就是题干所指出租车司机矛盾的地方，既不想自己承担，也不想让乘客承担。因此，我们只要找到能够同时满足这些条件的选项即可。

接着，分析各个选项。对于选项 A，出租车司机希望减少向出租车公司缴纳的月租金来消除油价上涨的影响，显然，这样做的话既不用承担涨价后乘客减少的后果，也不用降低自己的收入，完全满足上述要求，因此是能够解释出租车司机矛盾态度的。而对于选项 B、C 和 D，均不满足上面的要求，因此无法用来解释出租车司机的矛盾态度。

10.3 有趣的逻辑故事

10.3.1 粗粮治怪病

相传在唐代，很多有钱人都患上了一种奇怪的病，这种病的主要症状是四肢疲软、肌肉酸痛、双脚红肿、头痛失眠和食欲不振等，尤其是双脚，经常会有发痒、刺痛等感觉。在看了许多医生之后，这种病都不见好。

当时，有一位太守和他的家人也患了这种病，走起路来都很费劲。于是，这位太守便派人到处寻找名医，说只要能治好此病，重重有赏。当时，名医孙思邈便被太守请了过来。孙思邈为了找到治疗的方法，便在太守府中住了下来。这段时间他先是查遍了医书，都没能找到治疗的思路。孙思邈看到这位太守府中，只有太守和他的家人患了怪病，而更多的仆人却很健康。接着，孙思邈又外出到一些患病的人家中进行调查，也发现都是主人才得病，而仆人都没得病。孙思邈便考察了这些人的饮食起居，发现这些人和太守都有一个共同点，吃的都是经过精碾细筛的米粮，而仆人们吃的都是粗茶淡饭。

于是，孙思邈便从中悟出玄机，认为这些有钱人长期吃细粮，便是引起他们患这种怪病的原因。接着，孙思邈便让太守和这些人在每天的主食中加入足量的粗粮。一个月后，这些人所患的怪病果然都痊愈了。而这种病就是我们现在所称的"脚气病"，主要是食物中缺乏维生素 B1 所引起的，而维生素 B1 主要存在于粗粮之中。

在这个故事中，孙思邈虽然没能从医书上找到治病的方法，但是通过采用求同求异并用的方法找到了这种怪病的病因。首先，孙思邈对这些有钱人进行了饮食起居等方面的调查，发现都有一个共同点，就是主食过于精细，这就是求同法；接着，把这些有钱人和没患病的人进行了比较，发现后者的主食大多是粗粮，这是求异法。孙思邈将两者相结合，从而肯定地得出了长期食用细粮会导致这种怪病，从而就能够对症下药。

10.3.2　阿凡提的帽子

有一天，一个人收到了一封远方的来信。这封信是由另一种文字写的，他怎么也看不懂。他找了许多人，也都没弄懂信上面的意思。就在这时候，阿凡提戴着一顶很大的帽子，骑着毛驴赶了过来。这个人一看到阿凡提头上那顶大帽子，便以为阿凡提是个大学者，于是，他就对着阿凡提央求道："阿凡提，你能帮我看一下这封信上写的是什么吗？我找了许多人，他们都说看不懂。"阿凡提接过信一看，只知道这封信是用阿拉伯文写的，但是不知道写的是什么意思，于是便对那人说道："这封信是用阿拉伯文写的，我也看不懂这阿拉伯文，请你再找一个懂阿拉伯文的人替你念吧。"

这个人听到阿凡提这么说，有点不高兴地对他说："阿凡提，你是一个学者，头上又戴了一顶锅一般大的帽子，还不认识这几个字，你不觉得羞愧吗？"阿凡提一听这话，气得直接把自己头上的大帽子摘了下来，接着便把它套在了那个人的头上，对他说："那好吧，如果你认为帽子能够识字的话，就把这顶大帽子给你戴上，你自己去念这封信吧！"说完阿凡提便骑着自己的毛驴走远了。

在这个故事中，这个收到信的人显然是弄错了因果关系，识字不识字和帽子大不大是没有必然的因果关系的，显然这是犯了逻辑错误。而阿凡提生气地将帽子搁到那个人头上，就是要让他知道自己的愚蠢，他戴上了帽子，也不认识信上面的字，根据求异法，这就说明帽子不可能是识字的原因。

10.3.3 强盗的破绽

有一次，一位官员便装走在路上，看到两个人用床抬着病人，病人身上盖着床大被，枕头上露出的头发上别着一只凤钗，侧着身子睡在床上，两个人的后边还跟随着四个身强力壮的汉子。只见这两个人还没抬一会儿，就在路边歇息了，接着又叫另两个人继续抬着走。

这位官员想一探究竟，便一直慢慢地跟在这群人的后面，看到他们这样轮换了很多次，这位官员便越来越怀疑其中有问题。到了城门口，这位官员便叫官兵把这群人拦下，把大被子揭开，果然发现里面藏有很多金银财宝。后来经过审问，发现这是一伙强盗，为了转移刚刚抢来的赃物，而采取了这样的伪装手法。

在这个故事中，这位官员在探求其中的原因时采用了剩余法，官员的推理过程很明确：一个妇女决不会有这样重，其中必有另外比较重的东西在起作用，正是这两者一起才能形成两个壮汉抬着床都很吃力的原因。

10.3.4　口中的灰烬

张举在做县令时，碰到了一个案子。有个妇女和他的丈夫一直不和，便杀了他的丈夫，接着便放火把家烧了，自己再从火中逃了出来，和别人说自己的丈夫被火烧死了。丈夫这边的亲属都觉得事情很蹊跷，怀疑是妻子因为矛盾杀害了丈夫，便把这个妇女告到了官府。

张举听他们说了来龙去脉，便命人牵来了两头猪，杀了其中一头猪，然后把这头死猪和另一头活猪都放到柴堆上用火烧。事后，张举命人看了看这两头猪有什么差别，果然发现活猪的口中有灰烬，而死猪的口中则没有。接着张举便命人检验丈夫的尸身，果然发现其口中没有灰烬。张举便以杀夫的罪名把这个妇女收监，严加审问，没过多久，她就认了罪。

在这个故事中，张举在寻找死者的死因时采用了求异的方法。用两头猪做实验，一头活着放到火堆上，一头死了放到火堆上，这两者只有一个不同点，即是否活着。然后，再看两者最后的结果，被活活烧死的猪出现了口中有很多灰烬的现象，事先被杀死的猪没有出现口中有灰烬的现象，两者一比较，便得到被烧死的人的口中也会有灰烬，从而就得到了那个妇女的丈夫不是因火灾而死，而是事先被杀死的结论。火灾发生前后，妇女都在场，却为此撒谎，因此这其中一定有蹊跷，可以肯定她一定是凶手或是帮凶。

第11章 逻辑规律

物理学有最基本的规律，数学当中也有最基本的定律，逻辑学中也存在最基本、最普遍的规律。

11.1 认识基本逻辑规律

逻辑学中最基本、最普遍的规律就是：同一律、矛盾律、排中律和充足理由律，并称为逻辑学中的四大基本规律。有时候，我们也只说前面三个，它们是由古希腊哲学家亚里士多德提出的。这些基本规律都是逻辑正确的必要条件。

11.1.1 同一律

同一律，顾名思义，就是要保持事物的同一性。它是指，在思维过程中，每一个概念或者命题都应该有它本身的含义，并且要保持前后一致，不能随意变改。像逻辑学中“偷换概念”或者“转移论题”等逻辑错误，都是违反了同一律。同一律确保了思想的确定性，我们可以从下面“一个人有三个头”的例子体会逻辑中的同一律。

某甲对某乙说：“我能证明‘一个人有三个头’。”乙说：“愿闻高见。”甲说：“每个人有一个头，没有人有两个头，一个人比没有人多一个头，所以，一个人有三个头。”乙虽然知道甲的论证是错误的，但不能指出错在何处。你能为乙反驳甲的论证吗？

通过分析，我们可以知道，在甲的论证中，从字面上看“没有人”这三个字前后出现两次，但表达的意思是不一样的，这违反了逻辑学中的同一律：在“没有人有两个头”中，“没有”是一个否定词，它否定的是“有人有两个头”这一判断，意思是说“任何人都没有两个头”。这个全称否定判断的主项是“人”，不是“没有人”。而在“一个人比没有人多一个头”中，“没有”这个否定词否定的是“人”这个概念，因而“没有人”在这里表达的是一个独立的否定概念“无人”，即“一个人也没有”。所以，甲的论证是利用字面或语词的相同，暗中偷换了概念，从而得出了荒谬的结论。

在逻辑学中，同一律不仅要求保持概念的同一性，确保概念的内涵和外延都是一致的，以避免出现上面例子中的逻辑错误，还要求保持命题的同一性，确保命题的含义是前后一致的，不会出现“转移论题”的逻辑错误。

在现实生活中，同一律是人们在进行交流和学习的过程中必须要遵守的。只有遵守同一律，才不会在交流沟通过程中出现上述例子中那样荒谬的结论，才能形成确定性的思维，确保思想或者观点得到正确而又准确的表达。

11.1.2　矛盾律

逻辑学中的矛盾律并不是寻找矛盾、制造矛盾，而是要确保逻辑思维过程中不会产生矛盾。我们都知道，自相矛盾是一种很常见的逻辑错误，而矛盾律确保了思想前后的一致性。下面我们通过“自相矛盾”这个有名的故事来体味逻辑学中的矛盾律。

我国战国时代的著作《韩非子》中提到了这样一个故事：在集市上有一个卖矛和盾的小贩，他不断地向别人吹嘘自己的矛多么多么的锋利，自己的盾有多么多么的坚固，引得旁边的行人都围了过来。小贩一看奏效了，先是向围观的人群吹嘘自己的盾，说道：“吾盾之坚，物莫能陷（我的盾是最坚固的，没有东西能够刺穿）。”接着又继续吹嘘自己的矛，说道：“吾矛之利，万物莫不陷（我的矛是最锋利的，没有东西不能刺穿）。”这时候旁边一个行人看不下去了，讥讽道：“以子之矛，陷子之盾，何如？（拿你的矛，去刺你的盾，会得到怎样的结果呢）”小贩这时候无言以对了。

上面的故事中，卖矛与盾的小贩为什么会无言以对呢？是因为他违背了逻辑规律中的矛盾律，因而落得个两难的境地。我们设想一下，如果小贩回答“矛能够把盾刺穿”，那么这就违背了他前面说过的“吾盾之坚，物莫能陷”；如果小贩回答“矛不能把盾刺穿”，那么又违背了他说的另一句话“吾矛之利，万物莫不陷”。根据前面学过的逻辑学知识，当他说“吾盾之坚，物莫能陷”的时候，这是一个全称否定命题，就已经表明了“有的矛能够刺穿我的盾”这个特称肯定命题是错误的，而之后他说的又表明了这个特称肯定命题是正确的，从而造成了矛盾。

结合上面的故事可以发现，矛盾律要求在思维的过程中始终保持前后是一致的，不能出现相互矛盾的两个命题同时成立的情况。因此，在日常生活中，遵守矛盾律就需要时时刻刻明白命题之间的关系，对于相互之间是矛盾关系的两个命题，我们只能肯定一个，否定另一个，而不能同时否定或者同时肯定，这样才能确保逻辑上不会“自相矛盾”。

如果不遵守矛盾律，就会像故事中小贩那样陷入无言以对的尴尬境地。在思考或者交流过程中，违背了矛盾律，会让思考过程变得一团浆糊，会让交流变得不知所云。例如，“小明是众多不及格的学员中唯一及格的一个。”显然，这句话违背了矛盾律，它前后是矛盾的，完全让人不能理解其中的意思。

11.1.3　排中律

排中律，通俗地说，就是非此即彼，指的是对于某个命题只能是非真即假，对于某个事件只能是成立或者不成立，而没有其他的可能。也就是对于互为矛盾的两个命题，必须是一真一假，不能出现两者同时为真或者两者同时为假的情况。排中律和矛盾律是相辅相成的，确保了思想的明确性，不会出现模棱两可的情况。我们可以从一则关于蝙蝠的寓言故事来揣摩到底什么是排中律：

传说中，世界上的动物要么是鸟，要么是兽，而凤凰是百鸟之首，麒麟是百兽之首。有一次，凤凰生日，百鸟都去祝寿，蝙蝠没有去。事后凤凰便责问蝙蝠：“别的鸟都来了，你为什么不来？”蝙蝠说：“我能靠双脚走路，所以我不在百鸟之列，就没来祝寿。”接着到了麒麟的生日，百兽都去祝寿，蝙蝠又没有去。事后麒麟也问蝙蝠：“别的兽都来了，你为什么没来呢？”蝙蝠又说：“我能靠双翼飞行，所以不在百兽之列，就没来祝寿。”

从上面这个故事可以看出，蝙蝠对凤凰的回答是：我不是鸟；对麒麟的回答是：我不是兽。难道蝙蝠既不是兽，也不是鸟吗？从逻辑的角度来分析，既然认为世界上的动物非鸟即兽，蝙蝠是动物，那么它就必定是鸟或者兽两者中的一种，并且鸟和兽是矛盾关系的。对于蝙蝠，回答了我不是鸟，就相当于承认了我是兽，反过来也是如此。蝙蝠说自己不是鸟，又不是兽，这就是违反了逻辑中的排中律，因为这两者必须选择其中一个，不能全部否定。

另外，在前面章节的逻辑训练中，我们经常使用的排除法也是利用了逻辑学的排中律。找到互相矛盾的两个命题，如果已经得到它们当中一个命题为假命题，那么就可以知道另一个命题必定为真命题了。总结起来，在使用排中律判断两个命题的真假时，一定先要明确它们之间是矛盾关系，然后根据其中一个的真假情况，才能对另一个进行判断。

11.1.4 充足理由律

简而言之，充足理由律就是指：任何判断必须有（充足）理由。充足理由律不像前面那三个定律，它是亚里士多德之后被总结出来的。最早提出充足理由律的是 17 世纪末、18 世纪初的德国哲学家莱布尼茨。

充足理由律是根据前面三个基本规律得来的，它确保了判断具有说服力，经常体现在逻辑论证的过程中。根据充足理由律，我们在推理或者论证过程中，要想确保前提能成为结论的充足理由，也就意味着需要确保它们之间是有必然联系的。下面就是一个违背充足理由律的小故事。

从前有个乡下人，自己的斧头丢了，便怀疑是邻居的儿子偷的，因此觉得邻居儿子的一切行为都很可疑，无论是行为、动作，还是神态等。有一天，他忽然找到了斧头，便觉得邻居的儿子各个方面都不像是偷斧头的人。

显然，邻居的结论是毫无根据的，理由不充分的。这个故事就是成语“疑邻盗斧”的出处，告诉了我们凡事要讲究证据，不能轻易怀疑别人。因此，在日常生活中，充足理由律是必须遵守的逻辑基本规律。

11.2　基本逻辑规律的训练

11.2.1　仓库失窃

某仓库失窃，四个保管员因涉嫌被传讯。四人的口供如下：

甲：我们四人都没作案。

乙：我们中有人作案。

丙：乙和丁至少有人没作案。

丁：我没作案。

如果四人中只有两人说的是真话，那么以下哪项肯定成立？

A. 说真话的是甲和丙。

B. 说真话的是甲和丁。

C. 说真话的是乙和丙。

D. 说真话的是乙和丁。

【**解析**】正确答案是 C。本题考察的是矛盾律。

首先，分析四个保管员说的话，可以发现甲说的（四人都没作案）和乙说的（四人中有人作案）是矛盾关系，因此，它们当中必定是一个说了真话，一个说了假话。根据题意，那么丙和丁两人说的就包含了一句真话和一句假话。如果丁说的为真话，那么丙说的也就会是真话，与前面结论矛盾。从而可以断定，丁说的是假话，丙说的是真话，同时还能得到丁是作案人员。

再由丁是作案人员可以得到，乙说的是真的，甲说的是假的。再看各个选项，只有选项 C 是正确的。

11.2.2　检查答案

一天，小红、红霞做完数学题后发现答案不一样。

小红说：“如果我的不对，那你的就对了。”

小霞说：“我看你的不对，我的也不对。”

旁边的小李看了看这两人的答案后，说：“小霞的答案错了。”

这时数学老师刚好走过来，听到了他们的谈话，并查看了他们的运算结果后说：“刚才你们三个人所说的话中只有一句是真的。”

请问下述说法中哪一个是正确的？

A. 小红说的是真话，小霞的答案对了。

B. 小李说的是真话，小霞的答案错了。

C. 小霞说错了，小红的答案是对的。

D. 小霞说对了，小红和红霞的答案都不对。

【解析】正确答案是 A。本题考察了矛盾律。

首先，分析三个人说的话，可以得到，小红说的是一个充分条件假言命题，小霞说的是一个联言命题。根据前面学习过的复合命题的真值表可以得到，小红和小霞说的是矛盾关系，也就得到这两个命题当中有一个真命题，另一个是假命题。

根据数学老师说的，也就得到了小李说的是假的，因此小霞的答案是对的；从而得到了小霞说的话是假的，小红说的是真的。综合起来，答案选择 A 项。

11.2.3 排行第几

兄弟姐妹四人，甲、乙、丙和丁。

甲说：丁是最小的妹妹。

乙说：兄弟姐妹中只有哥哥一个男孩。

丙说：我是甲的姐姐。

如果上述都为真，以下推断正确的是哪一项？

A. 甲排行第二，是男孩；乙排行第三，是女孩。

B. 乙排行第二，是女孩；丙排行第一，是女孩。

C. 丙排行第二，是女孩；丁排行最小，是女孩。

D. 甲排行第二，是女孩；丙排行第一，是女孩。

【解析】正确答案是 A。本题考察了排中律。

根据甲说的：丁是最小的妹妹，可以得到丁是个女孩。接着，根据乙说的：兄弟姐妹中只有哥哥一个是男孩，所以乙是个女孩。最后，根据丙说的：我是甲的姐姐，所以丙是女孩，甲是男孩。因此，排序之后应该是丙、甲、乙、丁，所以答案只能为选项 A。

11.2.4　盒中的皮球

有红、蓝、黄、白、紫五种颜色的皮球，分别装在五个盒子里。甲、乙、丙、丁和戊五人猜测盒子里皮球的颜色。

甲：第二盒是紫的，第三盒是黄的。

乙：第二盒是蓝的，第四盒是红的。

丙：第一盒是红的，第五盒是白的。

丁：第三盒是蓝的，第四盒是白的。

戊：第二盒是黄的，第五盒是紫的。

猜完之后打开盒子发现，每人都只猜对了一种，并且每盒都有一个人猜对。由此可以推测下列哪一项是正确的？

A. 第一个盒子内的皮球是蓝色的。

B. 第三个盒子内的皮球不是黄色的。

C. 第四个盒子内的皮球是白色的。

D. 第五个盒子内的皮球是红色的。

【解析】正确答案是 C。本题考察了排中律。

首先，寻找突破口。根据题意，已知每个盒子都有一个人猜对，而第一盒只有丙一个人猜测，因此“第一盒是红的”一定是正确的，从而可以排除 A、D 两项。然后，由第一盒是红的，得知乙说的“第四盒是红的”为错，那么另一个丁猜的“第四盒是白的”一定正确。因此，本题答案为选项 C。

对于选项 B，因为丁猜的“第四盒是白的”是正确的，所以丁的另一个猜测“第三盒是蓝的”是错误的，从而可以得到甲对第三盒的猜测“第三盒是黄的”是正确的，因而选项 B 是错误的。

11.3 有趣的逻辑故事

11.3.1 国王与线绳

一位愚蠢的国王经常在外国使者和哲人面前胡言乱语，令大臣们时常感到难堪。国王为了摆脱这种窘况，把阿凡提请到王宫，让他给自己当顾问。“让我当顾问可以，但有一个条件。”阿凡提答复国王说，“我要从您坐的垫褥底下秘密地穿一根线绳，一头系在您脚上，一头攥在我手里。使者来访时，如果您说的话没错，我就不动；假如您说错了话，我就拉一下线绳，请您立刻停口。”

国王同意了阿凡提的条件。这天，从邻国又来了三位使者，国王迫不及待地向他们提问：“贵国的猫、狗之类都很肥壮吧？”阿凡提一听，赶紧把线绳拉了一下，国王立即不言语了。阿凡提随后对使者们解释说：“我们国王的问话寓意深刻，他说的猫、狗肥壮是指贵国人民安居乐业、牛羊肥壮。”使者们一听，都十分信服国王的智慧。不料国王却对阿凡提喊道：“阿凡提，你真是一个愚蠢的顾问，既然我说出了这么寓意深刻的话，你为什么还要拉线绳呢？

在这个故事中，这个国王并没有理解阿凡提所说的话，阿凡提为国王圆话所说的“寓意深刻”和国王后面说的“寓意深刻”完全是两个不同的概念。前者并不是真的说国王的话是寓意深刻的，只是礼貌性地帮国王之前的丑态圆场而已；而国王理解的是自己刚刚说的话是真的寓意深刻，然后还责备阿凡提不遵守条件。这个国王显然没有理解逻辑规律中的同一律，从而造成了更大的笑话。

11.3.2　如何学习

一个青年到智者欧底姆斯那里去请教。这个智者是当时非常有名的诡辩家，为了显示自己的本领，便准备给这个青年一个下马威。他提出了这样的问题："你学习的是已经知道的东西还是不知道的东西？"这个青年当然回答说："学习的是不知道的东西。"于是这个智者就向这个青年发出了一连串的问题：

"你认识字母吗？""我认识。"

"所有的字母都认识吗？""是的。"

"而教师教你的时候，不正是教你认识字母吗？""是的。"

"如果你认识字母，那么他教你的不就是你已经知道的东西吗？""是的。"

"那么，或者你并不在学，只是那些不识字母的人在学吧！""不，我也在学。"

"那么，如果你认识字母，就是学你已经知道的东西了。""是的。"

"那么，你最初的回答就不对了。"

这个青年就这样被智者欧底姆斯搞晕了，于是承认自己的失败，而甘心拜欧底姆斯为师。

在这个故事中，仔细分析就会发现智者欧底姆斯的话违反了基本逻辑规律中的同一律，他巧妙地使用了"偷换概念"的方法。具体来说，欧底姆斯就是这样干的："教师教你的时候"这个复合词所表示的时间概念，既可以是指谈话时的"过去"，也可以是指谈话时的"现在"，甚至是"未来"。而当欧底姆斯向这位青年提问说："教师教你的时候，不正是教你认识字母吗？”其中“教你的时候”指的是“过去”，即表示“过去”这一时间概念。而当他向青年提问说：“如果你认识字母，那么教师教你的不就是你已经知道的东西了吗？”这时，其中“教你的”指的则是“现在”或者“未来”，即表示的是“现在”或者“未来”的时间概念。但是，这位青年没有觉察到这一点，因此被弄得昏头昏脑了。

11.3.3 县官买物

从前，有一个县官贪得无厌，经常搜刮百姓的财物。有一天，这个县官来到了一家金店内，扬言要买两只金锭。店家见是县官，赶紧拿出来两只金锭。县官便问道：“这两只金锭要多少钱？”店家答：“太爷要买，小人只按半价出售。”这时候，只见县官将一只金锭直接放进了自己的口袋，接着将另一只还给了店家，就走了。店家没办法，只能先把县官的金锭钱记着。

过了许多日子，店家又见到了几次县官，见他丝毫不提当初的事，店家便说：“请太爷赏给小人金锭价款。”县官装作不解的样子说：“不是早已给了你吗？”店家便说：“小人从没有拿到啊！”县官拍案大怒道：“大胆刁民，本官要你两只金锭，你说只收半价，我已把一只还给了你，就折合那一半的价钱，本官何曾亏了你！”店家听罢，苦不堪言。

在这个故事中，这位县官想尽了办法讹诈百姓。县官的话只是听起来有理，其实是不讲逻辑的诡辩。仔细分析起来，县官违反了逻辑规律中的同一律，犯了“混淆概念”的逻辑错误。我们都知道，两只金锭在原来就值两只金锭的钱，既然店家看在县官的面子上按半价出售，那就表明两只金锭只值原来一只金锭的钱，也就是一只金锭只值原来半只金锭的钱。现在可以知道，县官收了两只金锭，应该付原来一只金锭的钱，接着，他又退了一只金锭，那应该再出原来半只金锭的钱，怎么就还清了呢？

这正是因为县官故意混淆了概念。在店家按半价出售后，他买的时候是按照半价买的两只，也就是应该出原来一只金锭的钱；但他退的时候确是按原价退的，也就是他认为他退的那只金锭就值原来一只金锭的钱。这一进一出，从而刚好“两相抵销”。退的时候按照原价来算，这是混淆了“价格”的概念，将半价换为原价。

第12章 假　　设

逻辑中不仅包含了对确定性事物的分析，也包含了对可能性事物的探索。假设是逻辑分析中的重要方法。

12.1　认识假设

12.1.1　假设的分析

“某地有两个奇怪的村庄，张村的人在星期一、三、五说谎，李村的人在星期二、四、六说谎。在其他日子他们说实话。一天，外地的王明来到这里，见到两个人，便分别向他们提出关于日期的问题。这两个人分别来自张村和李村，但是两个人都说：“前天是我说谎的日子。”

你知道王明是星期几来的吗？

显然，对于上面这个逻辑问题，我们仅仅使用前面学习过的演绎推理、归纳推理等方法都很难判断出王明是哪一天来的，因为题中给定的各个前提之间关系比较复杂。

这个时候，采用假设就是最好的逻辑分析的方法。显然，王明只能是星期一至星期天当中的某一天来到这里的。现在假设王明是星期一来的，而星期一的前天应该是星期六，是张村说真话的日子，李村说谎话的日子。但在星期一这天张村的人会说谎话，因此那个张村的人会说：前天是我说谎的日子；在这天李村的人会说真话，因此那个李村的人会说：前天是我说谎的日子。完全符合王明所得到的回答，从而也就说明，王明可能是在星期一来到这里的。

那么王明有没有可能是其他时候到达这里的呢？这时候可以继续假设。例如，假设王明是星期二来的，根据星期天都是两个村说实话的日子，而星期二是张村说实话、李村说谎话的日子，便可以得到王明得到的两个回答肯定是不同的，从而也就说明王明不可能是星期二来这里的。接着，假设王明是星期三来的，这时候可以得到，张村的人和李村的人都会说：前天说的是真话，和王明得到的两个回答是不同的。因此，王明也不会是星期三来的。依次假设，最终可以得到王明只能是星期一来这里的。

总结起来，假设是什么？假设一定正确吗？什么时候适合运用假设的方法进行逻辑分析？如何在逻辑分析的过程中使用假设方法呢？怎么检验假设的正确性？我们都可以结合上面的例子进行分析。

推理是从一些已知的客观事实或者科学原理出发，得到一个必定正确或者较为可靠的结论。假设是从已知的事实或者原理出发，对未知的事物进行假定性的解释。就像前面的例子中，王明来的日期是未知的，但是我们可以在客观的基础上假设他是某一天来的。因此，假设不一定是正确的，必须经过检验才能知道它的正确性。

正是因为假设具有灵活的特点，不像推理那般要求比较严谨，所以在很多条件比较多而且关系比较复杂的逻辑问题中，就非常适合采用假设的方法。这时候，假设在整个逻辑分析过程中就像一支游击队，打完一枪，未中目标，还可以换一个地方继续打，直到击中目标为止。就像前面的例子，如果最开始假设王明是星期二来的，后面发现这个假设行不通，还可以继续假设，直到找到符合条件的日期。

在具体的逻辑分析中，先要根据已知的条件，尽可能地缩小需要假设的范围。例如，例子中假设的范围就是“星期一至星期天”。在进行一个假设之后，就可以把这个假设当做已知的条件，和问题中的条件一起，进行逻辑推理，这点在前面的例子中也有所体现。因此，在使用假设的方法时是离不开推理过程的。

接着就是验证假设的正确性了，如果推理得到的结论符合题中的条件，也就意味着这是说得通的，没有违反逻辑规律，表明这个假设就是正确的。例如，例子中假设王明是星期一来的，结果证明这个假设是正确的。

如果推理得到的结论和问题中某个已知的条件是相矛盾的，说明已经违背了矛盾律，因此，这里面肯定有个条件是不成立的，但不可能会是问题中的已知条件，只能是假设不成立。例如，例子中假设王明是星期二来的，根据推理得到两个人的回答是不一致的，与问题中的条件矛盾，也就得到这个假设是不正确的。总之，对于某一个逻辑问题，所有的假设都需要经过检验，如果无法检验，就应该继续进行推理。

使用假设这一方法时要注意些什么呢？

首先，需要对问题进行充分的分析，如果发现难以直接使用推理方法得到问题的答案，就在分析的基础上确定合适的假设范围。特别要注意的是，有些问题仔细分析就会发现可以直接由推理得到结论，这时候用假设法就显得多余了，因为假设往往要分析多种情况才能得到最终的答案。对于假设的范围，是可以根据问题中已知的条件进行限定的。

然后，需要注意一次最好只进行一种情况的假设。例如，上面的例子中，如果最开始就假设王明是在星期一或者星期二来的，对于分析这个问题并未降低难度，而只假设王明是某一天来的，虽然假设的次数增多了，但是可以发现对于每次假设，通过简单的推理过程便都能得到检验，总体上说，解题的思路更加明确，过程也是轻松不少。

最后，需要注意的是，在某个假设的推理分析的过程中，我们仍然可以根据需要使用假设的方法来进行逻辑分析。在得到某个假设是正确的时候，如果问题没有明确暗示不会再有其他的情况，这时候就不能断定其他假设一定都是错误的。因此，仍要继续进行假设，直到找到所有的答案。

> **Tips：**总的来说，假设应该具有一定的合理性，要能够解释未知的问题，这两点是假设最基本的特征。假设在逻辑问题的分析过程中，起到的是过渡的作用，假设是我们解答时才提出的，并且在最后都需要经过验证，变成一个个明确的判断。

12.1.2　假设的应用

上一小节主要讲述了假设在逻辑问题中的应用，其实在现实生活中也可以经常看到假设法的身影。例如，我们在寻找丢失的某个物件时，会先根据回忆来确定寻找的范围，比如办公室、家里或者某家饭店，然后在这个范围内逐个展开寻找，比如先去饭店问一下，如果没有找到，就到办公室找一下，等等。总之，这个过程其实就是一个不断假设、不断排除直到目标出现的过程。

假设还大量应用于犯罪侦查的过程中。侦查员往往会先对案发现场仔细勘察并且通过调查得到各方面的案情材料，然后结合以往的侦查经验和一些基本的科学原理，对这个案件的发生过程做出一个合理的推测，比如可能的犯罪人员、犯罪过程、犯罪动机等。本质来说，这只是一个假设，侦查员需要继续侦查，直到找到罪犯犯罪的确切证据，才能证明这个推测（假设）是正确的。另外，如果继续侦查过程中发现不符合推测的事实，就表明这个推测是错误的，需要重新推测。

假设最重要的应用是在人类的认知领域。例如，古时候人们对太阳和月亮知之甚少，但是也对它们进行了一些解释，有的把它们看做主宰世界的神，本质上这也是一种假设，只不过现在我们都知道这种假设是没有科学依据的。同样的，创世论实质上也是那时候人们对世界的一种假设。

在现在的科学领域中，除了由已知的科学性原理通过推理能够必然确定的知识，便只剩下了各种各样的假说了，因为科学领域的研究，需要对未知的事物保持高度的敏感，不断进行尝试性探索。这些假说就是根据实验现象和现有的科学原理对未知事物做出的比较合理的解释。显然，这些假说事实上也是假设，只不过它们比古时候人们的假设更具科学性。

这些假说对科学的发展至关重要，它们突破了现有知识的边框，然后经过不断地实验检验，从而能够为人类知识的高楼大厦继续添砖加瓦。可以说，科学领域的各种假说是真正的“新知识”的来源。现在几乎所有的科学理论的知识都是从假设得来的。

总的来说，假设是人类的一种重要的探索未知事物的方法，假设就是连接人类的已知和未知的桥梁。

Tips： 前面我们学习过的归纳推理和类比推理，它们得到的结论具有或然性，但是它们对人类的发展是非常重要的，因为科学领域的假说往往是以它们的结论为基础的。也正因为如此，假说才具有一定的科学性，而不完全是凭空设想、毫无根据的。

12.2 “假设”的逻辑训练

12.2.1 电视频道

某天夜里，同宿舍的小赵、小钱、小孙和小李在谈论各自以及隔壁宿舍小周喜欢的电视频道。

小赵说：“我和小钱都喜欢看教育频道，小孙喜欢看艺术频道。”

小钱说：“我与小李都喜欢看财经频道，小孙喜欢看艺术频道。”

小孙说：“我与小赵都不喜欢看教育频道，小周喜欢看纪实频道。”

小李说：“小赵和小钱都喜欢看教育频道，我喜欢看新闻频道。”

若他们都只说对了两个人对电视频道的喜好，则小周喜欢的电视频道是什么？

A. 纪实频道。

B. 教育频道。

C. 新闻频道。

D. 艺术频道。

【解析】正确答案是 A。推理过程如下：

题目中问的是小周喜欢的电视频道是什么，只有小孙提到了小周；并且每个人都只说对了两个人的喜好，说错了一个人的。这时候可以运用假设的方法，不妨假设小孙说的小周喜欢纪实频道是错的，因而小孙的另外两个猜测都是对的，也就是小孙和小赵不喜欢教育频道就是对的。

由小赵不喜欢教育频道是对的，而小赵说自己喜欢教育频道，因而这个猜测是错的，从而可以得到小赵的另外两个猜测都是对的，也就是小钱喜欢教育频道，小孙喜欢艺术频道是对的。同样的，小李说小赵喜欢教育频道这个猜测也是错的，得到他的另外两个猜测都是对的，也就是小李喜欢看新闻频道是对的。

最后分析小钱说的话，由小钱喜欢教育频道，从而可以得到小钱喜欢财经频道是错误的；同样的，由小李喜欢看新闻频道可以得到小李喜欢财经频道也是错误的，也就是小钱说的话有两处错误了，这与题中的条件矛盾。因而原来的假设是错误的，也就是小周喜欢纪实频道是对的。

12.2.2 如何排班

甲、乙、丙、丁和戊五人值班，从星期一到星期五，每人各值班一天。要求：乙排在丁、戊两人之前，丙不能排在星期二，甲和丁之间恰好隔开一天。问乙排在星期几时，五个人的值班顺序是唯一的？

A. 星期一。

B. 星期二。

C. 星期三。

D. 星期四。

【**解析**】正确答案是 C。推理过程如下：

首选，根据题中已知信息，由乙排在丁、戊两人之前，说明乙不可能排在星期四、星期五，此时可以排除选项 D。这时候，可以使用假设法。

可以假设乙排班在星期一，由于丙不能排在星期二，则有星期二可能是甲、丁或戊，再根据甲和丁之间恰好隔开一天，如果甲排在星期二的话，就有乙甲丙丁戊和乙甲戊丁丙这两种排班的方法，与题目要求不相符。因此，可以排除选项 A。

继续假设乙排班在星期二，则有丁和戊只能排在星期二后面，如果甲排在星期一的话，这时候就可以有甲乙丁戊丙和甲乙丁丙戊两种排班方法，也与题中要求不相符。因此，可以排除选项 B。

此时，正确答案只能是选项 C 了。我们来验证一下选项 C 是否是正确的。假设乙排班在星期三，那么丁和戊只能排在星期四或者星期五，甲和丁是排在星期一或者星期二。根据题中条件，丁和甲之间恰好隔一天，现在丁和甲之间已经隔了乙，因此丁只能安排在星期四，甲安排在星期二，继续得到戊安排在星期五，丙安排在星期一。这是唯一满足题中规则的排班方法。

12.2.3　黑白帽子

有甲、乙、丙、丁和戊五个人，每个人头上戴一顶白帽子或者黑帽子，每个人只能看见别人头上帽子的颜色，而看不见自己头上帽子的颜色。并且，一个人戴白帽子当且仅当他说真话，戴黑帽子当且仅当他说假话。已知：

甲说：我看见三顶白帽子和一顶黑帽子。

乙说：我看见四顶黑帽子。

丙说：我看见一顶白帽子和三顶黑帽子。

戊说：我看见四顶白帽子。

根据上述题干，下列陈述都是假的，除了：

A. 甲和丙都戴白帽子。

B. 乙和丙都戴黑帽子。

C. 戊戴白帽子，但丁戴黑帽子。

D. 丙戴黑帽子，但甲戴白帽子。

E. 丙和丁都戴白帽子。

【解析】正确答案是 E。推理过程如下：

假设甲说的是真的，则甲戴白帽子。甲说乙、丙、丁、戊中有三个人都戴白帽子，也就可以得到，五人中有四个人戴白帽子，说的是真话，一个人戴黑帽子，说的是假话。那么乙说有四顶黑帽子就是假的，因此乙戴黑帽子。由乙说假话，可以得到丙、丁和戊说的一定是真话，都戴的白帽子，因此丙看到的应该是“三顶白帽子和一顶黑帽子”，但是与丙说的不符，所以断定甲说的是假的，甲戴黑帽子。

假设乙说的是真的，则乙戴白帽子，其余四人戴黑帽子，都说假话。但是丙说有一顶白帽子（乙），有三顶黑帽子（甲、丁、戊）又是符合事实的，所以断定乙说的是假话，乙戴黑帽子。

此时戊说看见四顶白帽子，一定是假话。由戊说的是假话可以得知：戊戴黑帽子。

假设丙说的是真的，那么三个戴黑帽子的一定是甲、乙和戊，因此丁一定是戴白帽子的。再来看此时，甲、乙和戊说的也都还是假话，符合题意。因此，丙和丁戴白帽子是可以成立的。此时，便可以选择答案 E 了。

再看，如果丙说的是假的，得到丙戴的是黑帽子。此时丁不能是戴白帽子的，否则丙说的就是真的了。也就是丁只能是戴黑帽子，从而五人都是戴黑帽，可以发现乙说的是真话，乙戴白帽子，与前面的结论矛盾。因此，丙说的是假话是不成立的。

12.2.4 王牌花色

在一盘纸牌游戏中，某个人的手中有这样的一副牌：

（1）正好有十三张牌；

（2）每种花色至少有一张；

（3）每种花色的张数不同；

（4）红心和方块总共五张；

（5）红心和黑桃总共六张；

（6）属于“王牌”花色的有两张。

请问，红心、黑桃、方块和梅花这四种花色，哪一种是“王牌”花色？

【解析】“王牌”的花色是黑桃。推理过程如下：

题中的前提都是涉及牌的张数，并且和“红心”有关的前提有两个，只要知道了红心的张数，根据（1）、（4）和（5），也就能够知道其他花色的张数。因此，“红心”可以作为我们假设的首选对象。根据（1）、（2）和（4），就可以得到红心至少有一张，至多有四张，这就是假设的范围。

假设红心只有一张，由（4）得到方块有四张，由（5）得到黑桃有五张，结合（1）得到梅花有三张，没有一种花色的牌数是两张，这与（6）不相符合，因此该假设是不成立的。

假设红心只有两张，由（4）得到方块有三张，再由（5）得到黑桃有四张，从而得到梅花有四张，与黑桃张数相同，这与（3）相矛盾，因此，该假设也是不成立的。

假设红心只有三张，依次可以得到：方块有两张，黑桃有三张，与红心张数相同，和（3）相矛盾，因此该假设也是错误的。

由于上述假设均不成立，因此红心只能有四张，依次得到：方块一张，黑桃两张，梅花六张，满足（3）和（6），从而得到黑桃是王牌花色。

12.2.5　小镇的一周

在一个小镇上，有一家超市、一家百货商店和一家银行。这三家单位每周中只有一天全都开门营业。现在已知：

（1）这三家单位每星期各开门营业四天；

（2）星期日这三家单位都关门休息；

（3）没有一家单位连续三天开门营业；

（4）在连续的六天中：第一天，百货商店关门休息；第二天，超市关门休息；第三天，银行关门休息；第四天，超市关门休息；第五天，百货商店关门休息；第六天，银行关门休息。

请问，在一周的七天中，小镇的这三家单位在哪天全都开门营业呢？

【解析】小镇的这三家单位在星期五全都开门营业。推理过程如下：

首先，由（2）可知，星期日不可能是题目要求的那天。也就是这三家单位都开门营业的日子只能是星期一至星期六，这就是我们假设的范围。

假设这三家单位在星期一全都营业。根据（4），可以得到连续六天的第一天只能是星期二，因为如果不是星期二，就会造成星期一是连续六天中的一天，也就得到星期一至少有一家单位关门休息，这与前面的假设矛盾。从而得到：星期二百货商店关门，星期三超市关门，星期四银行关门，星期五超市关门，星期六百货商店关门，而星期天三家单位都关门。根据这些，我们可以利用表 12-1 进行清晰地判断。

表 12-1 三家单位营业时间表 1

	星期一	星期二	星期三	星期四	星期五	星期六	星期天
超市	营业		休息		休息		休息
百货店	营业	休息				休息	休息
银行	营业			休息			休息

根据（1），从上面的表格可以清晰地看出，超市和百货店的营业信息是可以确定的，也就得到百货店在星期三、星期四和星期五这连续的三天中一定都是开门营业的，这与（3）相矛盾，因此原来的假设是错误的。

假设这三家单位在星期二全部开门营业。同样的可以得到（4）中连续六天当中的第一天应该是星期三，同样的可以将（2）和（4）中三家单位确定的营业信息填入上述的表格中，并且结合条件（1）得到超市和银行完整的营业信息，这里就不再赘述。我们可以发现超市在星期一、星期二和星期三这连续的三天中一定都是开门营业的，这与（3）相矛盾，因此这个假设也是错误的。

假设这三家单位在星期三全部营业，那么（4）中连续六天的第一天就是星期四，将（2）和（4）中的营业信息填入表格，再根据条件（1）便可以得到银行和百货商店完整的营业信息，可以发现银行在星期三、星期四和星期五这连续的三天中都是开门营业的，这与（3）相矛盾，因此这个假设也是错误的。

假设这三家单位在星期四全部营业，同样的可以发现超市和百货商店的营业信息可以确定，其中星期二至星期五这连续的四天中超市都是营业的，这与（3）矛盾，因此假设不成立。

假设这三家单位在星期五全部营业，同样的可以得到下面的表 12-2。根据条件（1）可以发现银行和百货商店的营业信息都是可以确定的，并且均满足条件（3）。只有超市还有一个休息的日期是不能确定的，不过我们可以从表格 12-2 中看出，无论是在星期一、星期三、星期四和星期六当中的哪一天休息，均满足条件（3）。因此，这个假设是符合各个条件的，从而得到小镇上的这三家单位在星期五全部营业。

表 12-2　三家单位营业时间表 2

	星期一	星期二	星期三	星期四	星期五	星期六	星期天
超市		休息			营业		休息
百货店			休息		营业	休息	休息
银行	休息			休息	营业		休息

如果我们继续假设三家单位都在星期六营业的话，则可以确定超市和银行的营业信息，并且可以发现超市在星期四、星期五和星期六这连续的三天中是营业的，这与题中的（3）矛盾，因此假设是不成立的。

12.2.6 猜数字

一个教授逻辑学的教授有三个学生，而且三个学生均非常聪明。一天教授给他们出了一个题目。教授在每个人脑门上贴了一张纸条并告诉他们，每个人的纸条上都写了一个正整数，且某两个数的和等于第三个。(每个人可以看见另两个数，但看不见自己的)

这时候教授问第一个学生："你能猜出自己的数吗?"第一个学生回答道："不能。"然后教授问第二个学生，第二个学生也回答道："不能。"教授接着问第三个学生，第三个学生也回答道："不能。"

教授又开始问第一个学生同样的问题："你能猜出自己的数吗?"第一个学生回答道："不能。"再问第二个学生，第二个学生也回答道："不能。"最后，教授问第三个同学这个问题，第三个同学兴奋地答道："我猜出来了，是144。"教授很满意地笑了。

请问你能猜出另外两个人的数吗?

【解析】另外两个人的数分别是48和96。推理过程如下：

首先，根据"某两个数的和等于第三个"可以知道，对于自己的数是多少，每个学生在一开始的时候心里面都有了两个答案：要么是看到的两个数之和，要么是这两个数之差。

然后，教授进行第一轮提问时每个人都没能猜出自己的数，这就说明这三个数是互不相等的。不妨假设其中有两个数相等，那么它们的差是0，然而这三个数都必须是正整数，此时另外一个人看到两个相等的数便能知道自己的数一定是它们的和，也就猜中了自己的数，这与题中的情况相矛盾。因此，假设是不成立的，三个数一定是互不相等的。

接着，教授进行了第二轮提问，前面两位都不能猜出，只有第三位同学成功猜出了自己的数是144。根据前面的结论，教授第二轮提问时，这三人必定都知道了他们的数是各不相同的，他们各自的脑海中都还有两种可能。然而，第三位同学成功猜出数字，因此，他一定是根据某个情形排除掉了其中一种可能。

那么，他是因为什么进行排除的呢？三个数互不相等，因此，只能是遇到了这种情形：看到的两个数之差等于其中一个数，才能排除掉自己的数是两个数之差这种可能，从而确定自己的数一定是看到的两个数之和。因此，前面两位同学的数之和等于 144，并且这两个数当中一个数是另一个数的 2 倍，通过计算，便可以得到，这两个数分别是 96 和 48。

12.2.7 老师的生日

小明和小强都是张老师的学生，张老师的生日是 M 月 N 日，两人都知道张老师的生日是下列十组中的一天：

3 月 4 日、3 月 5 日、3 月 8 日、6 月 4 日、6 月 7 日、9 月 1 日、9 月 5 日、12 月 1 日、12 月 2 日、12 月 8 日。

其中张老师把 M 值告诉了小明，把 N 值告诉了小强，张老师问他们知道他的生日是那一天吗？

小明先说：如果我不知道的话，小强肯定也不知道；

小强接着说：本来我也不知道，但是现在我知道了；

小明最后又说：哦，那我也知道了。

请根据以上对话推断出张老师的生日是哪一天？

【解析】张老师的生日在 9 月 1 日。推理过程如下：

首先分析这十组日期，经观察不难发现，只有 6 月 7 日和 12 月 2 日这两组日期的日数是唯一的。假设小强得知 N 值是 7 或者 2，那么他必定一开始就知道了张老师的生日，因为这两个 N 值各自对应的日期只能是唯一的，这与题中小强说的话“本来我也不知道”是不符的，因此张老师的生日绝不可能是这两天。

接着，可以分析小明说的话“如果我不知道的话，小强肯定也不知道”，而该十组日期的月数分别为3、6、9和12，而且月的日期都有两组以上，所以小明得知M值后是不可能知道张老师生日的。这是个假言命题，“小明不知道”是真的，那么“小强不知道”也是真的，也就表明小明此时能够断定小强不能推断出老师的生日。

小明为什么这么肯定呢？由前面的结论可以知道，当小强得知N值是7或2时，他才能在最开始的时候就推断出张老师的生日。既然小明现在如此肯定小强不能推出张老师的生日，也就表明了他知道小强的N值一定不会是7和2。那么他为什么能够知道呢？只能是他的M值不是6和12。

假设小明的M值是6，他只能肯定小强的N值是4或7，如果小强的N值是7，那么小强一开始就会推断出张老师的生日；同样的，假设小明的M值是12，他只能肯定小强的N值是1或2，如果小强的N值是2，那么小强也会一开始就推断出张老师的生日。因为小明一开始是无法确定小强的N值的，如果按照这两个假设，那么小明也就无法断定小强是否能够知道张老师的生日，也就不会说“小强肯定也不知道”了。

然后，继续分析小强说的话“本来我也不知道，但是现在我知道了”。说这句话前，小强根据小明的话可以确定王老师的生日是“3月4日、3月5日、3月8日、9月1日、9月5日”五组日期当中的某一天。而小强此时说他知道了，所以N值不是5，因为N值是5时，对应的有3月5日和9月5日这两组日期，小强还不能确定张老师的生日是其中哪一天。此时，也就剩下了“3月4日、3月8日、9月1日”三组日期。而小强的N值是1、4和8当中的一个，显然可以根据自己的N值推出张老师的生日，从而说出“本来我也不知道，但是现在我知道了”。

最后，分析小明说的话“哦，那我也知道了”，小明根据推理也知道了张老师的生日只能是“3 月 4 日、3 月 8 日、9 月 1 日”三组日期当中的一天，然而小明此时已经能够确定张老师的生日，因此 M 值只能是 9。假如小明的 M 值是 3 的话，他是还不能推出张老师的生日的。再回过头来，小强的 N 值就是 1。

综合得到，张老师的生日就是 9 月 1 日。

12.3 有趣的逻辑故事

12.3.1 美酒和毒酒

以前，有个智者因为触犯了法律要被处以死刑。审判他的官员是这位智者的好朋友，他不忍心看着智者被处以死刑，又不能触犯法律，便设立了一个特殊的行刑方式，希望智者能够运用自己的智慧来拯救自己的生命。

到了行刑的这一天，只见刑场上站着两个刽子手甲和乙，他们的手中各拿着一瓶酒，两瓶酒在外形上一模一样。这位审判的官员告诉智者：第一，这两瓶酒当中，一瓶是美酒，另一瓶是毒酒；第二，这两个刽子手有问必答，但是其中一个只回答真话，另一个只回答假话，并且从外表上无法断定谁说真话，谁说假话；第三，两个刽子手彼此间都互知底细，即相互之间都知道谁说真话或假话，谁拿美酒或毒酒。现在只允许智者向两个刽子手中的任意一个人提一个问题，然后从两瓶酒中选择一瓶，将它一饮而尽。

智者经过短暂的思考，提出一个巧妙的问题，喝下的是美酒，因而逃过了这次刑罚。你知道智者提出的是什么问题吗？

在这个故事中，智者向刽子手甲提出了一个问题：刽子手乙将如何回答他手里拿的是美酒还是毒酒这个问题？从而巧妙地找出了美酒。

根据这个问题：如果智者得到的回答是毒酒，再进一步假设甲说的是真话，也就得到甲的回答是真话，也就是乙会说自己手里拿的是毒酒，而乙肯定是说假话的，因此也就得到乙的手里拿的是美酒；如果甲说的是假话，也就得到甲的回答是假话，也就是乙会说自己手里拿的是美酒，而乙肯定是说真话的，因此也就得到乙拿的确实是美酒。无论甲说的是假话还是真话，只要智者得到的回答是毒酒，就可以肯定乙手里拿的是美酒，甲手里拿的是毒酒。同样的，也可以得到，无论甲说的是真话还是假话，只要智者得到的回答是美酒，就可以肯定乙手里拿的是毒酒，甲手里拿的是美酒。

智者设计的这个问题，妙就妙在他并不需要知道两个刽子手谁说真话谁说假话，就能确定得到的一定是个假答案。因为无论哪种假设是成立的，得到的结论都可以确定是假的。如果甲说真话，乙说假话，则情况就是甲把一句假话真实地告诉智者，智者听到的是一句假话；如果甲说假话，乙说真话，则甲就把一句真话变成假话告诉智者，智者听到的还是一句假话。总之，智者听到的总是一句假话。

12.3.2 罗素是教皇

有人曾经让罗素从“2+2=5”推出“罗素是教皇”，显然，这个假设也是荒谬的，要推出的结论也是荒谬的。然而，罗素成功地给出了自己的推理过程：

由于 2+2=5，等式的两边同时减去 2，便得到 2=3；然后，两边同时再减去 1，便得到 1=2；接着，等式两边换位，得到 2=1。而教皇与罗素是两个人，既然 2=1，那么教皇和罗素就是 1 个人，所以

“罗素就是教皇”。

从这个小故事可以看到，罗素的推理过程是完全正确的，只是给定的假设是不合逻辑的，是荒谬的，从而得到的结论也是荒谬的。可以这么说，从单纯的逻辑上来讲，荒谬的假设可以推论出任何荒谬的结论，哪怕推理过程无懈可击。因此，我们在使用假设的方法时一定要确保假设不是荒谬的，这样才能得到合理的结论。

12.3.3　被识破的伎俩

夏日的一个夜晚，威尔森家突然传来了一声枪声。等到警官克鲁斯和几个警察赶到时，只看见威尔森和椅子都倒在地上的血泊之中，他的右手握着一把手枪。桌子上放着一份遗书、一支笔和一台电风扇，遗书上说威尔森因丧偶后难奈的孤独而自杀，赶去天堂会妻子。

警官克鲁斯进一步观察现场，发现电风扇的电源线已经从墙壁的插座上拔出，电源线也被压在威尔森的身下。“是威尔森从椅子上翻倒时碰脱的？”克鲁斯此时心里产生了这么一个疑问。为了慎重起见，他慢慢地将电源线的插头插入，果然发现电风扇的开关是没有关的，风扇直接转动了起来。他又将遗书放到桌子上，结果遗书被吹到了桌下。此时，克鲁斯警官心里有谱了：“这不是自杀，是他杀！凶手在射杀威尔森后，将假遗书放到桌上然后逃离现场。”

在这个侦查推理的小故事中，克鲁斯警官正是利用了假设的方法，将电风扇通电，结果发现风扇没有关，便可以断定风扇应该是因为威尔森倒地时弄脱电源线而停止的。接着，克鲁斯警官进一步假设，如果是威尔森写好遗书放在桌上再自杀的话，那个时候风扇一定是还在转动的，就会把遗书吹到桌下。因此，克鲁斯警官便断定威尔森不是自杀，是他杀，而此时根据现场，唯一合理的假设只能是：凶手射杀威尔森后，为了伪造成威尔森自杀的样子，把事先准备好的假遗书放在了桌子上，然后逃离现场。

12.3.4 破绽在哪儿

一家著名公司的总经理死在五星级宾馆的客房里。福尔摩斯被请去协助调查，他看到客房布置得非常豪华，地上铺着一层厚厚的羊毛地毯，四周的墙上挂着不少世界名画。从现场情况分析，总经理是在接电话时被人从背后开枪打死的。

报案人是总经理的女秘书丽娜小姐，她说："出事时我正在街上和总经理通电话，突然听见话筒里传来枪响，忙问他发生了什么事，但只听到总经理临死时的呻吟声和凶手逃走时慌乱的脚步声。我意识到不妙，就赶紧打电话报警。"

福尔摩斯听完她的述说，冷笑着说："秘书小姐，你的谎话编得可不太圆啊，还是老实交待你是怎么杀死总经理的吧！"

你知道福尔摩斯是从哪里看出破绽的吗？

福尔摩斯是从地毯发现破绽的。假设女秘书的话都是正确的，按照她说的，脚步声一定是从作案现场中那层很厚的羊毛地毯上发出来的。而根据生活常识，凶手如果走在很厚的地毯上，显然不可能被较远处的女秘书听到脚步声。因此，这个假设是错误的，女秘书说谎，而她说谎的原因显然就是，她是凶手或者帮凶。

第13章 论　证

什么是论证？可以说逻辑学实际上就是一门关于如何正确论证的科学，论证当中包含了前面讲解的概念、命题和推理等，是逻辑学知识的综合运用。

13.1　认识论证

13.1.1　论证的构成

“月球上面不可能有生命存在。因为月球上面昼夜温差太大，而生命不可能出现在温差太大的环境中。”

上面就是一个典型的论证。它运用了三段论的方法，根据“月球上面昼夜温差太大”和“生命不可能出现在温差太大的环境中”这两个前提，从而确定了“月球上不可能有生命存在”这个命题是成立的。只不过和三段论的推理过程相反，这个论证的过程先是给出了一个命题“月球上不可能有生命存在”，然后用推理的方法来证明它是正确的。

类似上面的论证还有很多。实际上，在现实生活中，比如法庭上律师的辩护，警察对案件的侦查等，这些都是通过严谨的论证来完成的；在我们说服别人或者和别人辩论的过程中，需要向别人阐述某个观点或者某种思想时，我们也经常用到各种各样、不同方式的论证。

总结起来，论证就是用一个或一些已知为真的命题并借助推理的过程来确定另一个命题的真实性的思维过程。通俗地说，论证就是用来加强某个观点、某种思想的。在逻辑学中，所有的论证都包含了三个部分：论点、论据和论证方式。这是构成论证所必需的三个要素，我们也可以根据这三个要素来判断某个过程是不是论证。

论点：也叫做论题，上述论证中“月球上不可能有生命存在”就是其中的论点。论点通常是一个表示某个观点的命题，而不能只是某个单独的概念。因为论点必须明确地表明这个论证所要证明的观点。论点一般放在论证的开头，用来表明作者的态度和观点。同时，后面的论据又要能够推出这个论点。

论据：上述论证中“月球上面昼夜温差太大”和“生命不可能出现在温差太大的环境中”就是其中的论据。论据必须能够推出论点。放在推理过程中，论据就是前提，论点就是结论。通俗地说，论据就是用来证明论点的依据，它一般都是客观性的理论原理或者一些客观的事实或者数据等。

论证方式：上述论证是通过三段论推理的方式来完成的。论证方式是用来将论点和论据联系起来的方式，也就是论证过程中从论据到论点的推理方式，表达的是论据是如何来证明论点的。因为在一个论证中，论点和论据不应该是孤立的，就像一幢高楼不能只是一堆堆钢材、水泥和沙子等，需要用一种方式将论点和论据串联起来，从而构成一个论证的整体。

总之，一个论证只能有一个论点，不能有多个论点。但是一个论证的论据既可以有多个，比如本章前面的例子，也可以只有一个。特别要注意的是，有的论据是一些隐含的条件。有了论点和论据，才会有论证方式。而对于论证方式，它可以只包含一个推理形式，比如本章前面的例子，也可以由多个推理形式一起组成论证方式。

Tips： 论证和推理之间，论证的论题就相当于推理的结论，论证的论据就相当于推理的前提，而论证方式就相当于推理形式。每一个论证都必不可少地包含了推理的过程，但是并不是所有的推理都是为了证明。另外，论证中的推理并不要求一定要是必然性的。

13.1.2　论证的方法

显然，从论证的三要素便可以得到，对于同一个论点，可以采取一个或者多个论据，同时还可以选择不同的推理形式作为论证的方式。因此，论证的方法是多样的。总结起来，可以分为演绎论证、归纳论证、类比论证和因果论证，这种分类的依据实质就是论证过程中的推理方式。

1. 演绎论证

推理方式是演绎推理。这是一种由一般到个别的论证方法，并且论据和论点之间是有必然联系的，因而演绎论证的证明力度是上述这些论证方法中最强的。在演绎论证中，经常运用到三段论、假言推理和选言推理等多种形式，最经典的就是三段论的论证方式了。例如本章之前给出的例子用的就是演绎论证的方法，并且采用了三段论的推理形式。

又如："我们必须不断学习。因为我们想跟上时代的步伐，而要跟上时代的步伐，我们就必须不断学习。"显然，这是一个采用假言推理方式的演绎论证，在这个论证中，使用了假言推理：如果要跟上时代的步伐，我们就必须努力学习，现在我们想跟上时代的步伐，所以我们必须不断学习。

还如："甲是凶手。因为案发时在场的只有甲和乙两个人，而且有证据表明乙不是凶手。"显然，这是一个采用选言推理方式的演绎论证，在这个论证中，包含的选言推理是：甲或乙是凶手，其中乙不是凶手，所以甲是凶手。

2. 归纳论证

推理方式是归纳推理。由归纳推理的特征可知归纳论证是由特殊到一般的论证方法。其中包含的推理可以是完全归纳推理，这时候这个论证是一定成立的。例如：

"中国的四大发明对人类社会做出了巨大的贡献。因为造纸术的发明为人类提供了经济、便利的书写材料，掀起了一场人类文字载体革命；印刷术的发明大大促进了文化的传播；指南针的发明影响了世界航海史的发展；火药武器的发明和传播大大推进了历史发展的进程。"

显然，上面这个论证中使用了完全归纳推理，由每一个发明都对人类社会做出的巨大贡献证明了四大发明对人类社会做出了巨大贡献。

如果用的是不完全归纳推理中的简单枚举法，那么这个论证是有可能不成立的，也就是有或然性。例如：

"所有的素数都是奇数。因为 3 是奇数，5 是奇数，7 是奇数，11 是奇数，13 是奇数等，而这些数都是素数。"

显然，这个论证中采用了简单枚举法。在这个论证中，我们都知道 2 是素数，但是不是奇数，这是一个反例。因此，这个论证是不成立的。

3. 类比论证

推理方式是类比推理。在类比论证中，有一类比较特殊的是比喻论证。根据类比推理的性质，这种方法也是或然的。类比论证也有自己的优点，比如生动形象、容易理解等。例如：

“火星上可能有生命存在。因为火星和地球在很多方面是相似的：都是绕太阳运转的行星，都是绕轴自转，表面都有大气层并且能够形成四季变更，特别是火星表面在多数时候的温度也是适宜地球上的生物生存的。”

这个例子中，用地球与火星进行了类比，发现两者在很多方面相同，然后根据隐含的条件“地球上是有生命存在的”，从而得到了“火星上可能有生命存在”是正确的。

4. 因果论证

揭示论据和论点之间的因果关系。因果论证其实就是一种直接找原因的论证方法，论点是结果，论据就是原因。结合前面学过的探求因果关系的方法，可以得到，因果论证也是或然性的。例如：

“小明一定会在期末考试中取得好成绩。因为他平时认真学习。”

这就是一个因果论证，后面的论据可以成为前面论点的一个原因。但是，也可以看出，这个论证不一定是成立的，因为取得好成绩还要看临场的发挥和试题的难度等各方面的因素。

13.1.3　论证的规则

前面所讲的三段论、归纳推理和类比推理等，都有一定的逻辑上的规则，对于论证也不例外，论证的形成也需要下面这些规则。

（1）论点必须是明确的。在论证形成之前，首先要问自己一个问题：我要证明什么？要能够明确地回答出这个问题，也就能够得到明确的论点了。而且，在论证的过程中，论点还应该始终遵循同一律，不能够随意变换，否则就犯了“偷换论题”的逻辑错误了。

（2）论据必须是相关的。有了论点之后，在组织论据时，很多人都犯了“论据不相关”的错误，将许多前提组织在一起，形成论据，却发现里面有很多前提对于推出论点毫无帮助，显得啰嗦重复，废话较多；甚至还可能出现，有的前提是对推出论点不利的，这就是自相矛盾了。因此，在选择论据时一定要简洁，特别要注意不能违反矛盾律，要保持论证过程前后都是一致的。

例如：“小明一定能够取得好成绩。因为他经常玩游戏，并且玩游戏很厉害。”对于这个论证，前后是不相关的，甚至论据还是不利于论点推出的，因为“小明经常玩游戏”意味着“小明在学习上花的时间可能较少”。显然，这不是一个合格的论证。

另外，论据一定要是真实的和科学的，不能是虚假的、违背科学依据的。例如：“上帝万能的。因为上帝创造了这个世界，知晓这个世界发生的一切事物。”从科学层面来讲，这显然不能作为一个论证。

（3）论证方式选择可靠的。前面我们学过几种论证方法，在论证的过程中，我们应该尽量选择可靠的方法。例如，能有演绎论证，就没必要使用其他论证了；在使用简单枚举法进行论证时，要尽可能从多个角度出发选择多个例子；在类比论证中，要尽可能选择联系紧密的事物；在因果论证中，使用求异法比求同法更有说服力等。

13.2 “论证”的逻辑训练

13.2.1 湖下古城

史书记载，春秋战国时期的古滇国历时五百余年，在云南历史上的地位颇为重要。古滇国的青铜文化吸收和融合了不同地区和民族的文化精华。然而东汉以后，古滇国却神秘消失了，唐代以后的史书上竟没留下任何记载。近年来，抚仙湖南岸江川县李家山墓葬群出土了数千件古滇青铜器，抚仙湖北岸相连的晋宁石寨山曾出土滇王印。据此，考古学家推测云南抚仙湖水下古城就是神秘消失的古滇王城。

以下哪项如果为真，最能支持上述推测？

A. 在抚仙湖水下古城，也发现了大量青铜器。

B. 按考古常规看，王国都城附近都有墓葬群。

C. 抚仙湖水下古城与史料记载的古滇国都位于今云南省境内。

D. 据专家推测，抚仙湖水下古城与古滇国处于同一历史时期。

【解析】正确答案是 B。分析过程如下：

首先，分析题干。题干中是一个论证，论点是“考古学家推测云南抚仙湖水下古城就是神秘消失的古滇王城”，论据是“抚仙湖南岸江川县李家山墓葬群出土了数千件古滇青铜器，抚仙湖北岸相连的晋宁石寨山曾出土滇王印。”题中的问题是选择“支持”题干推理的选项，显然，这是需要加强论证。

题干论据中的“抚仙湖南岸江川县李家山墓葬群”和论点中的“古滇国”之间并没有必然的联系，仅仅依靠“出土了古滇青铜器”推出论点的力度是不够的，因此，此处需要加强论证的地方就是能够确定论据中“抚仙湖南岸江川县李家山墓葬群”和论点中的“古滇国”是有必然联系的。

接下来，再分析各个选项。对于选项 A，提到“水下古城发现了青铜器”，而题干提到的是“古滇青铜器”，两者不是一个概念，这是一个“混淆概念”的选项，因此可以直接排除。

对于选项 B，提到了论据当中的“墓葬群”与论点中的“古滇国”之间是有必然联系的，墓葬群一般都在王国都城的旁边，而在墓葬群又发现大量古滇青铜器并且离抚仙湖很近，抚仙湖附近又出土了滇王印，从而得到，抚仙湖的水下古城就是古滇王城，显然，这个时候的论证就形成了一个三段论的推理过程，显得更有说服力，这个选项加强了论证。

对于选项 C，地域范围过宽，两者虽然有联系，但并不能够确定抚仙湖水下古城就是古滇王城。同样的，对于选项 D，题干提示，古滇王国历时五百余年，时间跨度大，因此，更不可能确定抚仙湖水下古城就是古滇王城。综合起来，只有选项 B 的支持论点的力度是最大的。

13.2.2 有害添加剂

近年来，专家呼吁禁止在动物饲料中添加作为催长素的联苯化合物，因为这种物质对人体有害。近十多年来，人们发现许多牧民饲养的荷兰奶牛的饲料中有联苯残留物。

如果以下哪项陈述为真，最有力地支持了专家的观点？

A. 近两年来，荷兰奶牛乳制品消费者中膀胱癌的发病率特别高。

B. 在许多荷兰奶牛的血液和尿液中已经发现了联苯残留物。

C. 荷兰奶牛乳制品生产地区的癌症发病率居全国第一。

D. 荷兰奶牛的不孕不育率高于其他奶牛的平均水平。

【解析】正确答案是 A。分析过程如下：

首先，分析题干信息。题干中专家的观点“联苯化合物对人体有害，应该禁止在动物饲料中添加作为催长素的联苯化合物”就是论证的论点。题干中给出了一个论据是“近十多年来许多牧民饲养的荷兰奶牛的饲料中有联苯残留物”。显然，这个论据还不足以推出联苯化合物对人体有害。现在题中的问题是选择最能支持专家观点的选项，也就是要找出这个选项，能够和题干中的论据一起证明“联苯化合物对人体有害”。

接着，分析四个选项。对于选项 A，荷兰奶牛乳制品消费者膀胱癌的发病率高，说明荷兰奶牛乳制品存在一定的问题，再根据题干中的论据“近十年来荷兰奶牛的饲料中有联苯残留物”，从而有力地证明了这种物质是有害的，即支持了专家的观点。对于选项 B，选项中只是表明荷兰奶牛体内含有联苯残留物，并不能证明其有害性，因此可以排除。对于选项 C，荷兰奶牛乳制品生产地区癌症发病率高并不能说明这是因为荷兰奶牛的乳制品引起的，显然这里的发病率和荷兰奶牛乳制品的联系没有选项 A 中那么紧密，因此可以排除。最后，对于选项 D，荷兰奶牛不孕不育最多只能说明联苯残留物对荷兰奶牛有影响，和人无关，是无关选项，可以排除。

13.2.3　喝酸奶的好处

一项最新研究发现，经常喝酸奶可降低儿童患蛀牙的风险。在此之前，也有研究人员提出酸奶可预防儿童蛀牙，还有研究显示，黄油、奶酪和牛奶对预防蛀牙并没有明显效果。虽然多喝酸奶对儿童的牙齿有保护作用，但酸奶能降低蛀牙风险的原因仍不明确。目前一种说法是酸奶中所含的蛋白质能附着在牙齿表面，从而预防有害酸侵蚀牙齿。

以下哪项如果为真，最能支持这项研究发现？

A. 黄油、奶酪和牛奶的蛋白质成分没有酸奶丰富，对儿童牙齿的防蛀效果不明显。

B. 儿童牙龈的牙釉质处于未成熟阶段，对抗酸腐蚀的能力低，人工加糖的酸奶会增加蛀牙的风险。

C. 有研究表明，儿童每周至少食用四次酸奶可将蛀牙发生率降低 15%。

D. 世界上许多国家的科学家都在研究酸奶对预防儿童蛀牙的作用。

【**解析**】正确答案是 C。分析过程如下：

首先，分析题干信息。论点应该就是目前这项研究所发现的结论：经常喝酸奶可以降低儿童患蛀牙的风险。其他都是干扰信息。现在题中的要求是要支持这项发现，也就是要求我们选出能最有力地论证论点的选项。

接着，分析各个选项。对于选项 A，提到的是黄油、奶酪和牛奶，和我们要论证的论点没有什么联系，是无关选项，可以排除。选项 B，说的是人工加糖的酸奶会增加蛀牙的风险，偷换了概念，并且和题干中要论证的论点是相悖的，因此可以排除。对于选项 C，儿童每周至少食用四次酸奶可以降低蛀牙发生率，正好论证了题干的论点，是支持这项研究发现的。对于选项 D，讲的只是一个事件，没有说研究结论怎样，因此，也无法作为一个论据。

13.2.4 疲劳基因

有的人即便长时间处于高强度的压力下，也不会感到疲劳，而有的人哪怕干一点活也会觉得累。这除了体质或者习惯不同之外，还可能与基因不同有关。英国格拉斯哥大学的研究小组通过对 50 名慢性疲劳综合症患者基因组的观察，发现这些患者的某些基因与同年龄、同性别健康人的基因是有差别的。

以下哪项如果为真，最能支持该研究成果应用于慢性疲劳综合症的诊断和治疗？

A. 基因鉴别已在一些疾病的诊断中得到应用。

B. 科学家们鉴别出了导致慢性疲劳综合症的基因。

C. 目前尚无诊断和治疗慢性疲劳综合症的方法。

D. 在慢性疲劳综合症患者身上有一种独特的基因。

【**解析**】正确答案是 B。分析过程如下：

首先，分析题干信息。论点是：慢性疲劳综合症患者的某些基因与同年龄、同性别健康人的基因是有差别的。现在准备将上述研究成果应用于慢性疲劳综合症的诊断和治疗，并且题中要求选出最能够支持研究成果如此应用的选项，也就是选择出一个选项，最能论证该研究成果能够应用于实际诊断和治疗。

而要能够实际应用，题中只告诉我们慢性疲劳综合症患者的某些基因与相同条件下的健康人是有差别的，因此，必须要弄清楚差别具体在哪儿，这个差别就是将研究成果和实际诊断治疗连接起来的关键前提。

接着分析各个选项，只有选项 B 提到“科学家们鉴别出了导致慢性疲劳综合症的基因”，能够使研究成果与实际诊断治疗紧密地联系起来。如果没有这个假设，就不能确定“慢性疲劳综合症患者与健康人的有差别的基因”就是能够“导致慢性疲劳综合症的基因”，那么把“该研究成果应用于慢性疲劳综合症的诊断和治疗”的做法也就不能成立了，因此，选项 B 是正确的。

13.2.5 软件公司

威尔和埃克斯这两家公司对使用它们的字处理软件的顾客，提供 24 小时的热线电话服务。既然顾客仅在使用软件有困难时才打电话，并且威尔收到的热线电话比埃克斯收到的热线电话多四倍，因此，威尔的字处理软件一定是比埃克斯的字处理软件难用。

下列哪项如果为真，则最能够有效地支持上述论证？

A. 拥有埃克斯字处理软件的顾客数比拥有威尔字处理软件的顾客数多三倍。

B. 埃克斯收到的关于字处理软件的投诉信比威尔多两倍。

C. 这两家公司收到的热线电话数量逐渐上升。

D. 威尔热线电话的号码比埃克斯的号码更公开。

【解析】正确答案是 A。分析过程如下：

首先，分析题干信息。题干中的论点是“威尔的字处理软件一定是比埃克斯的字处理软件难用”，而且有一个论据是“顾客仅在使用软件有困难时才打电话，然而威尔收到的热线电话比埃克斯收到的热线电话多四倍”。这个时候我们也可以不看选项，看这个论据和论点之间是不是必然联系的。显然，这里面没有考虑两个软件的客户有多少，因为，如果使用威尔字处理软件的客户比埃克斯的也多四倍的话，这个时候就很难衡量哪个公司的字处理软件更难用了，也就不能证明论点。

接着，分析四个选项。对于选项 A，显然，和前面的分析不谋而合，这里提到埃克斯字处理软件的顾客比威尔的多三倍，再根据题干，埃克斯接到的顾客求助热线电话比威尔要少得多，显然，埃克斯字处理软件是更好用的，也就证明了题干的论点。对于选项 B，可以用来证明埃克斯字处理软件比威尔的更难用，这是削弱了题干的论点，因此可以排除。对于选项 C，和两家公司字处理软件的比较没有什么联系，是无关选项，可以排除。对于选项 D，威尔热线电话比埃克斯更公开，也就说明相比于埃克斯，有更多使用威尔字处理软件的顾客看到了热线电话，这可以成为威尔接到的热线电话比埃克斯多的一个原因，从而削弱了另一个可能的原因，也就是题干的论点：威尔字处理软件比埃克斯难用，因此，选项 D 也可以排除。

13.3 有趣的逻辑故事

13.3.1 拿毛驴做榜样

有一天，阿凡提骑着毛驴来到了京城，逢人便夸耀他的毛驴。阿凡提说道：“我的毛驴比当今的宰相还要聪明！”很快，阿凡提的这句话就传到了宰相的耳朵里。宰相一听，勃然大怒，马上就派兵捉拿了阿凡提，接着又向皇帝控告阿凡提侮辱大臣，要求皇帝重办阿凡提。皇帝也觉得自己的臣子受到了侮辱，便呵斥阿凡提："你竟敢说我的宰相不如你的毛驴聪明，你有事实根据吗？没有的话，我就杀你的头。"

阿凡提赶紧解释道："当然有事实了。有一回，我骑着毛驴过一座小桥，毛驴的一条腿陷进桥板上的一个窟窿里去了，它摔了一跤，好不容易才把蹄子拔出来。不久，我又骑着毛驴经过那座小桥。你瞧怎么着？我的毛驴小心地绕过了那个窟窿，腿没有再陷下去。你的宰相偷盗国家的钱财不止一次了，老百姓检举他也不止一次了，可是直到现在，他还在向国库里伸手，我的毛驴难道不比你的宰相聪明吗？"

国王听了阿凡提这么一番话，便对阿凡提说："是啊，你说得有道理。"接着，国王又对自己的宰相说："阿凡提说的话是对的，以后你要以阿凡提的毛驴为榜样啊！"宰相一听，既然国王都这么说了，也就没法找阿凡提的麻烦了。

在上面这个故事中，阿凡提采用了简单枚举的论证方法，用毛驴过小桥的例子论证了毛驴是知错就改的，而宰相贪污的毛病却始终未改，也就论证了自己的毛驴确实比宰相聪明。

13.3.2　怕老婆的苏格拉底

苏格拉底是古希腊时期一位著名的哲学家，但他又是一个特别怕老婆的丈夫。苏格拉底的老婆脾气火爆，性格凶悍，经常把苏格拉底赶出家门，这些事在当时人尽皆知。有一天，苏格拉底在讲课的时候，讲到了"结婚"的话题。当时旁边的一个学生便向苏格拉底请教道："老师，我想结婚，但是又怕自己未来的妻子不够好？"苏格拉底便说："无论你是想结婚还是想单身，只要选择你自己喜欢的路去走就对了。”这位学生似懂非懂，便继续问道：“那，老师您觉得是结婚好，还是不结婚好呢？”苏格拉底严肃地答道：“当然是结婚好了！”学生有点不解，便说：“老师，师母那样也算……”苏格拉底便神色自若地说：“结婚是必要的，假使你娶到贤妻，你会得到幸福，如果不幸讨到恶婆娘，则可以成为一位哲学家。”

在这个故事中，苏格拉底鼓励自己的学生结婚的时候，使用了二难推理：如果你娶到一位贤妻，你会得到幸福；如果你娶到一位恶婆娘，你会成为一名哲学家。而对于苏格拉底来说，成为哲学家也是一个好结果，因此这两个充分条件假言命题的结论就是：你结婚一定会得到不错的结果。显然，这个二难推理加强了他的说服力，有效地打消了学生的疑虑。

13.3.3 一半学费的官司

古希腊有一位擅长诡辩的智者叫普洛塔戈拉，他收了一个学生叫爱瓦梯尔。爱瓦梯尔是来向普洛塔戈拉学习法律的，他们在确立师徒关系时便签了一份协议：爱瓦梯尔先付一半的学费，另外一半要等到爱瓦梯尔毕业第一次出庭胜诉后付。但是，爱瓦梯尔毕业后迟迟不参与诉讼，按照协议，他也就没给老师付另外一半学费。老师普洛塔戈拉等得有些不耐烦，便决定向法庭起诉爱瓦梯尔，其中起诉的诉词是：

如果官司我打赢了，按照判决，爱瓦梯尔应付另一半学费；如果官司我打输了，按照协议，爱瓦梯尔也应付另一半学费；这场官司要么我赢，要么我输；总之，爱瓦梯尔都应付另一半学费。

学生爱瓦梯尔也不是吃素的，便向法庭提出了反诉，他的诉词是这样的：

如果官司我打赢了，按照判决，我不应付另一半学费；如果官司我打输了，按照协议，我也不应付另一半学费；这场官司要么我赢，要么我输；总之，我都不应付另一半学费。

这是逻辑史上一个有名的故事，一直流传到了今天。在这个故事中，表面上看起来老师和学生说得都有道理，并且他们各自的诉词中都运用了二难推理的形式，显得极有说服力，似乎没有一丝破绽。但是，我们如果仔细分析各自的诉词便会发现，师生二人的推理前提都是两个根据，分别是判决和协议，而且它们都是在不同的情形下选择了对自己有利的那个依据。

进一步，我们从客观的角度来看，就很容易发现，法庭判决得到的结果是一定会和协议所要求的相矛盾的，因为：

如果老师胜诉的话，按照判决，学生需要付老师另外一半的学费；按照协议，学生没必要付老师另一半学费。如果老师败诉的话，按照判决，学生没必要付老师另一半学费；按照协议，学生需要付老师另一半学费。因此，无论法庭判决结果怎样，这个结果都是与协议相矛盾的。

很显然，上面这个分析过程也是二难推理的形式。现在，我们就可以知道，学生和老师的诉词中如果是根据法院来判，那么必定各有一个前提要是假的；如果根据协议来判，也是各有一个前提会是假的。这样，也就得到，无论怎样，他们各自的两个前提都不可能完全成立，因此得到的结论也就一定是不成立的。事实上，学生和老师双方都是在进行不合逻辑的诡辩。

13.3.4 都是真话

国王为了表示关心人民的疾苦，去访问阿凡提的家，看他的日子过得怎样。

“先领我们去看看你的土地吧！”国王说。“土地都在贵族手里呢。”

阿凡提回答。

“你收的粮食呢？”“都送到皇宫去啦。”

“你的屋里怎么没有家具呢？”“被豪强搬光了。”

“你的儿子呢？”“让官员逼死啦。”

“那么，你的妻子呢？”“怕陛下看上她，藏起来啦。”

“你，你怎么敢跟我尽说谎话！”国王吼叫道。

“不，不，都是真话！”阿凡提说道，“要是谎话，你可不会发这么大的脾气了！”

在上面这个小故事中阿凡提使用的是归谬法，来论证自己说的这些话都是真话。在这个故事中，阿凡提首先假设自己说的是谎话，然而国王的脾气并不像听到谎话时那么大，与平时的情形不符，从而说明了这个假设是不成立的，也就证明了自己说的都是真话了。而国王对于阿凡提的这个论证，也是没法反驳的。

第14章 反　驳

反驳就是论证的反面，反驳就是证明某个命题是错误的。

14.1　认识反驳

14.1.1　反驳的结构

“火星上有生命存在。这个观点是错的，因为火星虽有大气，但它的大气压不到地球大气压的 1%；大气中 95% 是二氧化碳，还有氮和氩，以及各种微量气体 30 余种，氧气却少得可怜，成了稀有气体；大气中的水蒸气更加稀少，平均为大气总量的 0.01%。火星地表虽有枝脉丛生、弯弯曲曲的“河床”和长达 1500 千米、宽达 60 千米以上的“海床”，却没有水，不具备任何生命产生的条件。”

上述就是一个典型的反驳的例子。通过对火星大气层的气压、成分和含水量以及地表含水情况进行分析，从而得出火星上不具备任何生命产生的条件，也就强有力地证明了“火星上有生命存在”这一观点是错误的。

类似上面的反驳还有很多。实际上，在现实生活中，法庭上律师向对方观点提出异议并且进行辩驳等，都是通过严谨的反驳来完成的，它是和论证一起配合的；在我们劝说别人或者和别人争辩时，我们不仅要采用论证的方法来证明自己的观点是正确的，还需要证明对方的某个观点是错误的或者不可靠的，这时候就需要用到各种各样、不同方式的反驳方法了。只有这样，才能显示出足够的说服力，从而达到加强自己观点、削弱对方观点的作用。

总结起来，反驳就是用一个或一些已知为真的命题并借助推理的过程来确定另一个命题是假命题或者另外一个论证不成立的思维过程。通俗地说，反驳就是削弱对方的某个观点或者某种思想，找出对方论证过程中的疏漏或者错误。在逻辑学中，反驳的结构通常由三部分组成：被反驳的论点、反驳的论据和反驳方式。它们是构成一个完整的反驳所必需的三个要素，我们也可以根据这三个要素来判断某个逻辑分析过程是不是反驳。

被反驳的对象：指的是要削弱的某个命题或者某种推理方式，这个命题或者这种推理方式是与我们的立场相对立的。在一个反驳过程中，后面反驳的论据都是围绕被反驳的对象进行推理的。比如，在上述例子中“火星上有生命存在”就是被反驳的对象，它是一个有明确含义的命题。

有时候，对方的论据或者论证方式也是被反驳的对象。反驳一个论据指的是证明这个论据是假的或者是无关的，而反驳论证方式则是指出对方的论据和论点之间没有正确的逻辑联系。例如：在证明“子非鱼安知鱼之乐”不可靠时，“子非我，安知我不知鱼之乐”就是一个有力的反驳。这个反驳中，其实针对的是对方的推理方式：因为你是不鱼，所以你不会知道鱼的快乐，表明这种推理方式是自我矛盾的，是不合逻辑的。

反驳的论据：指的是进行反驳的依据。它可以是一些已知的事实材料或者科学原理，例如上述论证中“火星大气压不到地球大气压的1%”“大气中氧气成了稀有气体”“大气中水蒸气不到 0.01%”“地表没有水”等就是反驳的论据。以这些论据为前提，能够推出“火星上不具备任何生命产生的条件”，从而能够反驳“火星上存在生命”这一观点。

有时候，论据也可以是由对方的论证引出的逻辑错误。例如：假如“子非我，安知我不知鱼之乐”可以作为对“子非鱼安知鱼之乐”的一个反驳，它反驳的论据就是：按照“子非鱼安知鱼之乐”的论证方式，你并不会知道我是否知道鱼的快乐，也就是“子非我，安知我不知鱼之乐”，而现在你肯定地说“我不知道鱼的快乐”，这是自相矛盾的，因此“子非鱼安知鱼之乐”的论证方式是不可靠的。

反驳方式：指的是在反驳的过程中使用的推理形式。它是将被反驳的论点和反驳的依据连接起来的方式，从而构成一个反驳的整体。在本节开头的例子中，它的推理形式实质上是演绎推理中的三段论。根据“火星上的大气中缺少氧气和水蒸气，地表没有水”等论据，再根据隐含的一个一般性前提“氧气和水等是生命存在的必要条件”，从而得出了“火星上不具备任何生命产生的条件”，也就说明“火星上存在生命”是错误的。又如，在“子非鱼”的例子中，实质上使用的是类比推理的形式。

从上面可以看出，反驳和论证在本质上是相同的，两者都是要通过推理来完成的。可以说，反驳就是一种特殊的论证。当我们反驳的对象是一个命题时，实质上是在对这个命题的负命题进行论证。例如，本节开头的例子，也可以看做是对“并非火星上有生命存在”的一个论证。在很多情况下，反驳和论证都是围绕某一个话题同时运用的，既要论证自己的观点，又要反驳对方的观点或者论证。

反驳和论证虽然联系紧密，但是也有区别，最大的区别在于两者的作用不一样。论证主要用来强化自己的某个观点或者某种思想，起到阐释或者宣传的作用；而反驳主要用来削弱别人的某个观点或者某个论证，起到揭露纰漏和错误的作用。在一个争辩过程中，论证的立足点在于自己的观点和思想，反驳则立足于对方的观点和论证的过程。另外，反驳比论证更加灵活，对象也有更多选择，形式也可以更加多样。

Tips： 在反驳一个论证时，当我们反驳其中的论据或者论证方式时，我们并不能证明其中的论点是错误的或者是不可靠的，只能证明对方的论证是不能够成立的。因为一个论点的真实性并不取决于它的论据是否真实可靠，也不取决于它的论证方式是否逻辑严密，只取决于它能否由客观事实或者一般性原理通过必然性推理得到。因此，在反驳时，最有效的就是直接反驳对方的论点。

例如："2 是偶数。因为 2 能被 4 整除。"这里论据是错误的，但论点是正确的。又如："鱼是动物。因为所有的植物都不是动物，鱼不是植物。"显然，这论证中使用的三段论犯了"周延不当"的逻辑错误，但是论点和论据都是对的。

14.1.2 反驳的方法

反驳有哪些方法呢？我们可以根据反驳的过程和得到的效果将反驳的方法分为直接法、间接法和归谬法。

1. 直接法

直接引用已知的事实或者原理进行反驳。直接法当中可以运用演绎推理，也可以运用归纳推理。比如，我们经常使用的一种举反例的反驳方法：

“所有的素数都是奇数。这句话是错的，因为 2 是素数，但 2 不是奇数。”这个反驳就是直接反驳，用简单枚举的方法举了一个反例，从而可以直接说明论点“所有的素数是奇数”是错误的。

2. 间接法

论证与对方的论点矛盾或者相反的命题是正确的，也就得到了这个论点是错误的，从而达到反驳的目的。间接法正是利用了逻辑规律中的排中律，因为论证正确的命题和对方的论点是矛盾或者相反的，这两个不能同时都是正确的，只能是对方的论点是错误的。例如，像本节开头的例子就是使用简洁反驳的方法，在反驳过程中运用三段论的推理方式论证了“火星上是不存在生命的”，从而也就得到对方的论点是错误的。

需要注意的是，间接法也可以运用在论证过程中。比如，我们要证明某个命题，先找到和它是矛盾关系的命题，假设这个命题是正确的，接着再根据假设进行推理分析得到自相矛盾的结论，从而可以说明假设是错误的，也就证明了原来的命题是对的。这种论证的方法叫做反证法。例如，用反证法证明“3 是奇数”：

“假设 3 是偶数，那么 3 能够被 2 整除，这与实际情况矛盾。因此假设是错误的，3 是奇数。”

3. 归谬法

先假设对方的论点是成立的，然后按照对方的逻辑进行分析和推理，最后得到一个自相矛盾的或者荒谬的结论，这样也就说明了假设是不成立的，也就有力地反驳了对方的论点。归谬法类似于反证法，使用了假设的方法，利用了逻辑规律中的矛盾律，由对方的逻辑在推理分析中出现前后矛盾的现象，也就得到了对方的逻辑是错误的。这是一种“以牙还牙”的反驳方法。例如：

“因为所有的杀人犯都被判处死刑，所以所有判处死刑的都是杀人犯”，这时候可以反驳道：“按照你的说法，因为所有的杀人犯都是人，岂不是所有的人都是杀人犯了”。

上述反驳采用的就是归谬法。首先假设对方的逻辑是完全正确的，然后按照对方的推理形式，可以推出“所有人都是杀人犯”的荒谬结论。很显然，对方的逻辑是行不通的，对方的论证是不能成立的。根据我们前面学过的逻辑学知识，也可发现，这是犯了“周延不当”的逻辑错误。

总结起来，我们可以发现归谬法在反驳时比前两种方法更加简单，而且容易理解。因此，归谬法是一种应用最广泛的反驳方法。需要注意的是，使用归谬法的关键在于按照对方的逻辑推出荒谬或者自相矛盾的结论。

14.2 “反驳”的逻辑训练

14.2.1 富贵病

发达国家中冠心病的发病率大约是发展中国家的三倍。有人认为，这主要归咎于发达国家中人们高脂肪、高蛋白和高热量的食物摄入。相对来说，发展中国家较少有人具备生这种“富贵病”的条件。其实，这种看法很难成立。因为，目前发达国家的人均寿命高于70岁，而发展中国家的人均寿命还不到50岁。

以下哪项如果成立，最能加强上述反驳？

A. 统计资料显示，冠心病患者相对集中在中老年年龄段，即45岁以上。

B. 目前冠心病患者呈年轻化趋势。

C. 发展中国家人们高脂肪、高蛋白和高热量食物的摄入量，无论是总量还是人均量，都在逐年增长。

D. 相对发展中国家来说，发达国家的人们具有较高的防治冠心病的常识和较好的医疗条件。

【解析】本题答案是 A。分析过程如下：

首先，分析题干信息。题干中是一个反驳，被反驳的论点是：发达国家中冠心病的发病率是发展中国家三倍的主要原因是，发达国家中人们摄入高脂肪、高蛋白和高热量的食物；反驳的论据是：发达国家人均寿命高于 70 岁，而发展中国家人均寿命不到 50 岁。题中要求找到一个最能加强反驳力度的选项，即能够证明患病原因和高脂肪、高蛋白、高热量的食物无关的选项。

接着，分析各个选项。对于选项 A，得到冠心病患者的高发人群是在 45 岁以上，再结合题中的一个反驳的论据，因此，可以得到发展中国家很多人都不到患病高发期就已经去世了，而发达国家却不是，因此这才是发达国家的冠心病发病率比发展中国家高三倍的主要原因，从而反驳了题中的论点。

再看其他三个选项，对于选项 B，呈年轻化趋势和题中要反驳的论点无关，因此可以排除。对于选项 C，只提到发展中国家，也不能说明什么，是无关选项。对于选项 D，按照其说法，得到的结论应当是发达国家冠心病患病率要比发展中国家低，反而减弱了对论点的反驳，可以排除。

14.2.2 颜色和食欲

德国和瑞士的专家经过研究得出一个有趣的结论：餐具颜色能直接影响食欲，红色餐具可降低人们 40% 的食欲。在人们的传统观念中，红色是极具攻击性的色彩，用红色餐具盛放食物往往会让人难以下咽，因为在潜意识中人们会给自己发出不能吃红色餐具中食物的心理暗示，从而令食欲下降。

如果以下各项为真，最能质疑上述论断的是哪一项？

A. 快餐巨头常在大堂中使用大片鲜亮的红色图案，并没有影响快餐销量。

B. 红色易使人产生紧张感，暴饮暴食是人在精神紧张时放松自己的一种方式。

C. 试验表明，使用红色水杯者比使用蓝色水杯者平均饮水量要减少 44%。

D. 红色预示着不安和担忧，人们看到红色餐具会本能地担心食物有危险。

【解析】正确答案是 B。分析过程如下：

首先，分析题干信息。题干是关于餐具颜色和食欲之间关系的一个论证，其中，论点是：餐具颜色能够直接影响食欲，红色餐具可以降低人们 40% 的食欲；论据是：红色是极具攻击性的色彩，用红色餐具盛放食物往往会让人难以下咽，因为在潜意识中人们会给自己发出不能吃红色餐具中食物的心理暗示，从而令食欲下降。题目要求的是找出最能质疑上述论证的选项，也就是要选择反驳力度最强的选项。

接着，分析各个选项。对于选项 A，餐具颜色并不能等同于快餐店大堂中图案的颜色，快餐销量也不能等同于食欲的大小，这是混淆了概念，因此可以排除。对于选项 B，说明了红色餐具会使人暴饮暴食，并且指出了其中的原因，也就有力地反驳了题中红色餐具会降低人们食欲的论点。对于选项 C，举水杯的例子说明了红色水杯使人的饮水量会减少 44%，这是加强了题干中的论点，可以排除。选项 D 表明了红色会降低人们食欲的原因，这也是加强了题干中的论点，可以排除。

14.2.3　新型战斗机

甲国生产了一种型号为“苏 -34”的新型战斗机，乙国在是否要引进这种战斗机的问题上出现了两种不同的声音，支持者认为“苏 -34”较以往引进的“苏 -30”有更加强大的对地攻击作战能力。

以下哪项如果为真，最能削弱支持者的声音？

A. 目前市场上有比“苏 -34”性能更好的其他型号战斗机。

B.“苏 -30”足以满足对地攻击的需要，目前乙国需要提升的是对空攻击作战能力。

C. 目前还没有实际数据显示究竟是否“苏 -34”有更强大的对地攻击作战能力。

D. 甲乙两国目前在双边贸易中存在诸多摩擦，引入“苏 -34”会有很多实际困难。

【解析】正确答案是 B。分析过程如下：

首先，分析题干信息。题干中要反驳的是：“苏 -34”较以往引进的“苏 -30”有更加强大的对地攻击作战能力。其他都是无关信息。

接着，分析各个选项。对于选项 A，说的是有比“苏 -34”性能更好的其他型号战斗机，这与反驳题干中支持者的观点没有联系，是无关选项，可以排除。对于选项 B，表明乙国引进的“苏 -30”足以满足对地作战的需求，那么，题中支持者的观点中“苏 -34”对敌作战能力比“苏 -30”强就显得没有比较意义了，这是对题干中支持者的观点直接进行了反驳。对于选项 C，存在“不确定”性，表明不能得到“苏 -34”是否有更强大的对地作战能力，也就对于题干中的论证起不到反驳的作用，可以排除。对于选项 D，引进“苏 -34”存在困难与要反驳的观点毫无联系，可以排除。

14.2.4 人类文化遗址

“东胡林人”遗址是新石器时代早期的人类文化遗址，在遗址中发现的人骨化石经鉴定属两个成年男性个体和一个少年女性个体。在少女遗骸的颈部位置有用小螺壳串制的项链，腕部佩戴有牛肋骨制成的骨镯。这说明在新石器时代早期，人类的审美意识已开始萌动。

以下哪项如果为真，最能削弱上述判断？

A. 新石器时代的饰品通常是石器。

B. 出土的项链和骨镯都十分粗糙。

C. 项链和骨镯的作用主要是表示社会地位。

D. 两个成年男性遗骸的颈部有更大的项链。

【解析】本题的答案是C。分析过程如下：

首先，分析题干信息。题干是一个论证，论点是：在新时期时代早期，人类的审美意识已经开始萌动；论据是：在新石器时代的遗址发现的少女遗骸中有项链和骨镯。题目要求的是要削弱上面的论证，也就是要进行反驳。

接着，分析各个选项。对于选项A，饰品通常是石器与题干中的论点并没有联系，是无关选项，可以排除。对于选项B，项链和骨镯十分粗糙也并不能表明它们不是早期人类审美意识的反映，因此不能以此反驳那时候的人类没有审美意识，也可以排除。对于选项C，表明项链和骨镯的作用是表示社会地位，而不是用来审美，因此可以切断题干中论据和论点之间的联系，从而达到了反驳的效果。对于选项D，有更大项链与题干论点并无关系，可以排除。

14.2.5 文明的消失

历史上一度盛行的古埃及、古巴比伦和古玛雅的语言文字已成尘埃，世界上现存的6000多种语言文字，平均每两周就消失一种。由此推算，到 2050 年，世界上将有 90% 的语言文字灭绝。

以下哪项如果为真，最能反驳以上观点？

A. 有许多语言学家正在研究这些语言文字。

B. 古代语言文字往往是随着文明被征服而灭绝的。

C. 许多濒危语言文字已经得到了重视和有效的保护。

D. 现代的非文盲比例与古代相比有非常显著的降低。

【解析】正确答案是 C。分析过程如下：

首先，分析题干信息。题干是一个论证，其中论点是：由此推算，到 2050 年，世界上将有 90% 的语言文字灭绝；论据是：世界上现存的 6000 多种语言文字，平均每两周就消失一种。题目要求选择最能反驳上述论证的选项。

接着，分析各个选项。对于选项 A，其中说到了语言学研究，而题干中并未提及，这是无关选项，可以排除。对于选项 B，其中说到了古代语言文字灭绝的原因，与题干论证无关，也可以排除。对于选项 C，表明许多濒危语言文字得到了重视和有效保护，从而可以表明语言文字灭绝的速度不会像题干推算的那样，从而可以削弱题干中的论点。再看选项 D，其中说到了文盲比例问题，和题干的论证毫无关系，可以排除。

14.2.6 原油期货

2008 年上半年原油期货价格一度上涨到每桶 147 美元，是 2000 年同期价格的 4.2 倍，年均增长 20%，而同期世界经济年均增长率在 5% 左右，世界石油消费需求并没有出现跳跃式的、急剧的增长。这说明原油价格的迅速攀升并不是由于世界石油供求关系的变化引起的，而是国际投机资本在石油期货市场进行疯狂投机的结果。

如果以下各项为真，哪项不能质疑上述推论？

A. 2000 年至 2008 年，各国政府普遍加大了石油的战略储备量。

B. 较小的经济增长率总带来较大的石油需求增长率。

C. 石油需求变化率和石油价格变化率并不对等。

D. 即便对于国际投机资本来说，投资石油期货也是风险巨大的。

【解析】正确答案是 D。分析过程如下：

首先，分析题干信息。题干是一个论证，论点是：原油价格的迅速攀升是国际投机资本在石油期货市场进行疯狂投机的结果；论据是：2000 年至 2008 年原油价格上涨，同期世界经济年均增长率较低，这段时期世界石油消费需求并没有出现跳跃式、急剧的增长。现在题中要求选择不能质疑上述论证的选项，也就是选择不能反驳上述论证的选项。

接着，分析各个选项。对于选项 A，2000 年至 2008 年各国加大了石油的战略储备量，改变了石油的供需关系，也就表明这是引起世界石油消费需求在这段时期没有跳跃式增长的原因，从而反驳了题干论证中的论据，因此可以排除。对于选项 B，较小的经济增长率带来较大的石油需求增长率，从而说明数据产生差异的原因，也反驳了题干中的论点，因此可以排除。对于选项 C，石油需求变化率和石油价格变化率并不对等，也就表明这两者之间有差异是正常的，从而反驳了题干中的论点，因此可以排除。对于选项 D，题中并未涉及“投资石油期货的风险”，因此不能反驳题干的论证，符合题目要求。

14.3 有趣的逻辑故事

14.3.1 萧伯纳的机智

萧伯纳是英国的一位大作家。有一天，萧伯纳走在路上，迎面遇到了一位肥头大耳的神父。这个神父上下打量着萧伯纳，看着他瘦骨伶仃的样子，便用讽刺的语气对这位大作家说道："萧伯纳先生，看你这副模样，真叫人以为英国人都在挨饿呢！"萧伯纳听了，看着神父满脸的油腻，便反驳道："尊敬的神父，看你这副模样，人们一下子就明白，这苦难的根源就在你们这种人身上啊！"神父听到萧伯纳这么一说，不想自讨没趣，只能低着头走了。

看了上面这个小故事，不得不佩服大作家萧伯纳的机智，同时神父肥头大耳的形象也令人印象深刻，而这正是反驳所取得的效果。从逻辑学的角度来分析，这个小故事中，萧伯纳反驳的是神父所说的那个论证，采用的是"归谬法"：因为看见萧伯纳很瘦，所以认为英国人都很瘦，也就得到英国人都没吃饱的结论。显然，这个论证犯了"以偏概全"的逻辑错误。但是萧伯纳在反驳时并未直接指出其逻辑错误，而是按照神父"以偏概全"的逻辑进行推理，得到了神父令人们吃不饱的结论，如果神父要坚持自己之前对萧伯纳的论证，也就要认同萧伯纳对自己的论证，承认自己压榨人们的事实。

14.3.2　牛的血统

加拿大前外交官切斯特·朗宁出生于中国襄樊市，在回国竞选省议员时，有的反对派就攻击他，说他是吃中国奶妈的奶长大的，具有中国人的血统。然而，朗宁在他的答辩中回应道："据权威人士透露，诸位都是吃牛奶长大的，那岂不都具有牛的血统吗？"

在这个故事中，朗宁充分展现了自己的辩论口才。在反驳政敌的论点时，运用了归谬的反驳方法，一开始假设反对派的逻辑是对的，然后按照反对派的逻辑，得出了反对派都具有牛的血统这一荒谬的结论，也就说明了反对派原来的逻辑是错误的。这种归谬的做法既反驳了对方的论点，维护了自己的尊严，又狠狠打压了对方的嚣张气焰，给反对派泼了一盆冷水。

14.3.3 一切命题都为假

在古希腊，有一位智者叫克拉底鲁。他认为："我们对任何事物所做的肯定或否定都是假的"。对此，亚里士多德反驳说："克拉底鲁的命题等于说'一切命题都是假的'，这个说法在逻辑上是自相矛盾的。因为如果一切命题都是假的，那么，'一切命题都是假的'这个命题本身也应当是假的；如果认为'一切命题都是假的'是真的，那么'一切命题'就不包括克拉底鲁的命题在内，那也就是承认有了例外，又怎么能称之为'一切'呢？"

在上面这个故事中，亚里士多德在反驳"一切命题都是假的"时，采用了归谬法，并且利用了二难推理的形式，从两种假设都得到了自相矛盾的结论，从而说明原来的论点是不成立的。

14.3.4 神是不存在的

古希腊哲学家伊壁鸠鲁是一个无神论者，他曾经用一个三难推理来反驳"神是存在的"这个观点。伊壁鸠鲁对那些有神论者说道："所有人都会承认，神或是愿意但没有能力除掉世间的丑恶；或是有能力而不愿除掉世间的丑恶；或是既有能力而又愿意除掉世间的丑恶。如果神愿意而没能力除掉世间的丑恶，那么，它就不算是万能的，而这种无能为力又怎么能称为神呢？如果神有能力而不愿意除掉世间的丑恶，那么，这就证明了它的恶意，既然有恶意，也不能称之为神。如果神愿意而且有能力除掉世间的丑恶，这也符合神的定义，那么，既然神是存在的，为什么在世间还有丑恶呢？"

在上面这个反驳过程中，伊壁鸠鲁用一个三难推理概括尽了一切关于神的解释的可能性，而且每种可能得到的都是同一个结论：你们眼中的神根本不存在。对于这样的反驳过程，那些有神论者只能是无话可说了。